王讚彬・侯唯平 譯

Big Data Analytics

大數據
分析與應用

Edited by
Parag Kulkarni・Sarang Joshi・Meta S. Brown

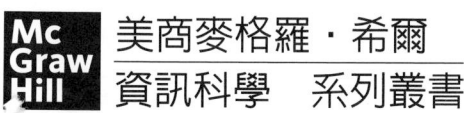

McGraw Hill　美商麥格羅・希爾
資訊科學　系列叢書

東華書局

國家圖書館出版品預行編目(CIP)資料

大數據分析與應用 / Parag Kulkarni, Sarang Joshi, Meta S. Brown 主編；王讚彬, 侯唯平譯. -- 初版. -- 臺北市：美商麥格羅希爾國際股份有限公司臺灣分公司, 臺灣東華書局股份有限公司, 2024. 07

面； 公分

譯自：Big data analytics

ISBN 978-986-341-514-5 (平裝)

1. CST: 大數據 2.CST: 資料探勘 3.CST: 機器學習

312.74　　　　　　　　　　　　　　　　113008782

大數據分析與應用

繁體中文版©2024 年，美商麥格羅希爾國際股份有限公司台灣分公司版權所有。本書所有內容，未經本公司事前書面授權，不得以任何方式 (包括儲存於資料庫或任何存取系統內) 作全部或局部之翻印、仿製或轉載。

Traditional Chinese translation copyright © 2024 by McGraw-Hill International Enterprises LLC Taiwan Branch
Original title: Big Data Analytics (ISBN: 978-81-203-5116-5)
Original title copyright © 2018 by PHI Learning Private Limited, Delhi.
All rights reserved.

主　　編	Parag Kulkarni, Sarang Joshi, Meta S. Brown
譯　　者	王讚彬　侯唯平
合 作 出 版暨 發 行 所	美商麥格羅希爾國際股份有限公司台灣分公司104105 台北市中山區南京東路三段 168 號 15 樓之 2客服專線：00801-136996臺灣東華書局股份有限公司100004 台北市中正區重慶南路一段 147 號 3 樓TEL: (02) 2311-4027　　FAX: (02) 2311-6615劃撥帳號：00064813網址：www.tunghua.com.tw讀者服務：service@tunghua.com.tw
總經銷(臺灣)	臺灣東華書局股份有限公司
出 版 日 期	西元 2024 年 7 月 初版一刷

ISBN：978-986-341-514-5

譯者序

在這個網路資訊爆炸的時代，我們所擁有的數據量已經達到了前所未有的規模，這些數據不僅來自於各種不同的來源，更有著「5V」——大量 (volume)、高速 (velocity)、多樣 (variety)、價值 (value)、真實 (veracity) 等多樣特性。數據的價值不僅僅在於量，更在於我們如何有效地分析並利用數據來做出有效決策，從而創造價值，而這正是大數據分析的核心所在。大數據分析不僅僅是一種技術，更是一種思維方式，一種探索數據中潛藏寶藏的能力。

本書作者旨在向讀者介紹大數據分析的基本概念、方法、模型和工具，幫助讀者更容易理解並將大數據分析應用於各種不同領域，書中內容包括資料探勘、上下文文本分析、分散式聚類與機器學習等多項主題，從基礎的資料探勘與建模，到進階的機器學習演算法，深入淺出地介紹各種大數據分析的技術與應用，有助於讀者奠定堅實的大數據分析基礎。

無論你是對大數據分析感興趣的初學者，還是希望能整合機器學習與大數據增量學習的專業人士，本書都將為你提供有用的資訊。因此，我們誠摯邀請您一同踏上這場關於大數據分析的學習之旅，發現大數據分析的無限可能性，並將其轉化為實際的應用，創造價值與成就。

王讚彬、侯唯平
2024.4.10

序

　　科學家、工程師和研究人員很少有機會共同撰寫書籍，無論如何，要將十位專業人士聚在一起就同一個主題撰寫一本書是非常不容易的，需要多方面的理解與配合才能將主題深刻剖析，完整呈現給讀者。在本書中，我們簡化了一些關於資料探勘和大數據的觀點，市面上已有許多關於大數據的書籍，相信它們已提供了許多深入見解，那麼，為什麼還需要這本書呢？對於這個問題我們的答案是，這本書是資料探勘領域工作的各種研究人員在研究實踐後所產生的結晶。由 Parag Kulkarni 博士和他的博士研究生，以及《Data Mining For Dummies》的作者 Meta S. Brown 和 Sarang Joshi 博士攜手合作，共同完成了這本與眾不同的書。在研究相關主題時，每個研究人員都在探索、研究並實踐資料探勘和機器學習的某些特定層面，而在本書中，他們以大數據的角度來進行了探討。什麼是大數據呢？歸根究柢，大數據與規模相關，在現今大小至關重要的世界中，大數據成為了一個非常重要且有價值的專業用語。大數據可使人們獲得精彩的職業生涯，讓公司取得不菲的財富，一些有遠見的國家更將因此產生驚人的經濟效益。但冗長的術語和過於重複描述往往會使得研究人員卻步，以至於失去了意義，因此本書將使用簡單非結構化資料探勘，賦予這些詞語意義，並為這些術語建立關聯。大數據其實沒什麼大不了的，更重要的是如何流暢的處理這些速度極快的大型非結構化數據。這本書是為那些正在尋找大數據趨勢，及其與傳統資料探勘之間關係的讀者而編寫的，主旨是關於大數據和探勘非結構化資料，試圖展示團隊在過去五年中對非結構化資料探勘，並擴展至大數據探勘的研究成果。每一章節都介紹了非結構化資料探勘和文本分析的新觀點，詳細說明了文本分析與大數據之間的關係，並參考了該領域中的實際問題和相關研究。本書第一章對主題進行了概述，以及一些近期的相關趨勢。

第二章介紹了各種資料探勘方法和模型，以及不同的應用。此章提供了一個平台來進一步探討大數據探勘相關的概念，並透過個案研究來進行各現實層面的討論。

第三章討論了大數據和各種不同的方法，透過詳細的範例來探討使用不同工具對大數據進行探勘。

第四章是關於上下文，這是資訊中相當重要且鮮為人知的一部分，在非結構化的大數據中使用上下文是有效的，本章涵蓋了如何使用具有上下文功能的數據、使用上下文會遭遇的挑戰，以及如何在長文本和短文本中尋找上下文。

第五章討論了大數據文本分類和主題建模的概念。除了利用超連結和語言層級的上下文來介紹上下文學習的概念外，更重點說明了關係提取和GATE 工具的使用，此外，也有介紹主題建模的相關技術，並探討使用WordNet 和相似性測量來從文本中建立情境模型。

第六章從大數據的角度來探討多標籤文本分類，在文本分析中，由於文本表示法中存在固有的歧義性，導致單個文本文件可能同時屬於多個概念類別，從這種情境推論出的知識就被稱為多標籤，這個過程會使得對整體進行分類和關聯的處理變得更加複雜，這種多標籤文本分類問題在大型非結構化資料中會變得更加難以解決。而圖形表示法的簡單性和廣泛的應用性，使其被認為是最適合的文本文件表示形式，它會保留如物件之間的排序、關聯等資訊。許多不同的圖形演算法，對於文本分析都相當有效。由於這是在文本分析中，大數據最重要的相關問題之一，因此第六章將透過討論多標籤非結構化大數據探勘中的各種問題，來應對上述挑戰。

對分散式數據來源進行探勘時，分散式聚類是非常重要的預處理任務。許多現實中的分散式資料集是由高維度資料建模物件所組成的，如圖像檢索、分子生物學、資訊檢索等。因此，在第七章中，作者介紹了分散式聚類和高維度資料聚類所涉及的各種挑戰，子空間聚類演算法會在整個空間維度和屬性的子空間中尋找並構建出重疊的聚類。而由於這是尋找隱藏在高維度分散式數據中聚類的最佳解決方案，第七章更進一步介紹了最適合大數據的子空間聚類方法。

第八章涵蓋了機器學習的基本概念和不同的學習範例，討論了機器學習技術在預測和預報分析中的必要性和重要性，也探討了在大數據分析中，採用增量方法的必要性，並提供了相關應用案例。

第九章討論了創造價值的資料分析，以及一些業務分析的重要面向。

第十章總結了所有討論的內容，整理了本書中所涵蓋的重要觀點，並提供了一些思考的指引。附錄 I 則從大數據的角度介紹了 Hadoop 框架。

我們相信本書將成為此領域中非常重要且有用的參考用書。

致謝

本書是由多位研究人員共同合作的研究成果，我們感謝所有為本書做出貢獻的人，也感謝 Savitribai Phule Pune University、Devi Ahilya Vishwa Vidyalaya 以及這些學校的多位研究人員，他們都直接或間接地為這趟旅程做出了貢獻。感謝家人、朋友和審稿人員，以及那些在資料探勘、人工智慧、機器學習和大數據領域創造了新研究途徑的偉大研究人員，還有我們的碩博士研究生，他們亦直接或間接地為此一成果做出了貢獻，讓大數據為經濟學打開了全新的大門。

感謝 PHI Learning 的編輯團隊，特別是採購經理 Malaya R. Parida 先生和 Lakshmi，由於他們的毅力和耐心，才能將這些文字轉化為一本精彩的書籍。感謝 Alesia Siuchykava 從中牽線，也感謝 COEP、PICT、GH Raisoni College、Cummins College 和 D. Y. Patil College 在此過程中的支持。感謝 P. T. Kulkarni 博士、M. B. Khambete 博士、R. K. Jain 博士、R. D. Kharadkar 博士和 Anil Sastrabudhe 博士們寶貴的幫助。這是一段有趣的旅程，我們感謝所有參與這段旅程的教職員工和學生。

譯者序		III
序		IV
致謝		VII

CHAPTER 1　大數據簡介　001

1.1	前言	001
1.2	什麼是大數據？	002
1.3	非結構化資料探勘：挑戰與當今技術	003
1.4	非結構化資料探勘應用	005
1.5	大數據分析：挑戰	006
1.6	進階機器學習與文本資料探勘	007
1.7	什麼是上下文？	008
1.8	透過多階層資料探勘建立上下文	009
1.9	建立應用與處理大數據	010
1.10	大數據與學習	011
1.11	分析與大數據	011
1.12	文本分析與大數據	012
1.13	理解文本分析	016
1.14	處理大數據的商業智慧產品	017
1.15	非結構化資料探勘與分類方法	018
1.16	大數據與機器學習的趨勢	018
1.17	章節介紹	019
	結論	021

CHAPTER 2 資料探勘與建模 023

- **2.1** 前言 023
- **2.2** 數據模型 024
- **2.3** 資料探勘的各階段 025
- **2.4** 資料探勘與知識探索 026
- **2.5** 資料探勘的各個面向 028
- **2.6** 資料探勘方法 031
- **2.7** 網路爬蟲和資訊檢索 045
- **2.8** 推薦系統 049
- **2.9** 當前趨勢 051
- **2.10** 未來的發展方向 052
- 結論 053

CHAPTER 3 大數據探勘──應用觀點 057

- **3.1** 前言 057
- **3.2** 大數據探勘 059
- **3.3** 大數據資料探勘 065
- 結論 073

CHAPTER 4　大數據之王萬歲——上下文情境　075

- 4.1　前言　075
- 4.2　什麼是上下文？　077
- 4.3　在非結構化大數據中上下文情境的重要性　078
- 4.4　如何使用具上下文情境的數據　079
- 4.5　為何上下文會在非結構化大數據中產生問題呢？　079
- 4.6　上下文的種類　082
- 4.7　使用者數據中的上下文　085
- 4.8　上下文分析　090
- 4.9　上下文分析的優勢　091
- 4.10　英特爾將 Apache-Hadoop 用於情境感知推薦系統　095
- 結論　098

CHAPTER 5　大數據：文本分類與主題建模　101

- 5.1　前言　101
- 5.2　語料庫表示法　105
- 5.3　基於上下文的學習方法　106
- 5.4　GATE JAPE 規則　114
- 5.5　主題建模　121
- 5.6　情境建模　125
- 5.7　大數據與文本分類　131
- 結論　137

CHAPTER 6　多標籤大數據探勘　143

- **6.1** 前言 143
- **6.2** 多標籤非結構化文本探勘的各階段 144
- **6.3** 基於圖形的模型 151
- **6.4** 圖形表示法 157
- **6.5** 使用圖形模型進行文本操作 162
- **結論** 166

CHAPTER 7　大數據的分散式高維度資料聚類　169

- **7.1** 前言 169
- **7.2** 分散式子空間聚類的應用 170
- **7.3** 高維度資料聚類 172
- **7.4** 降維 175
- **7.5** 子空間聚類 177
- **7.6** 分散式系統 179
- **7.7** 分散式資料庫的類型 182
- **7.8** 資料傳輸的類型 183
- **7.9** 分散式資料庫系統的優勢 183
- **7.10** 分散式聚類 184
- **7.11** 文本資料聚類 185
- **7.12** 文本數據的資料表示法 187
- **7.13** 文本聚類系統 188
- **7.14** 文本數據的子空間聚類 191
- **7.15** 大數據聚類 192
- **結論** 193

CHAPTER 8　機器學習與大數據的增量學習　199

8.1	前言	199
8.2	機器學習的概念	200
8.3	大數據與機器學習	202
8.4	什麼是增量學習？	204
8.5	用於建立知識的增量學習	207
8.6	處理大數據的增量技術	207
8.7	應用	211
結論		**212**

CHAPTER 9　當今商業領域中的分析　215

9.1	前言	215
9.2	為分析建立商業案例	218
9.3	資料分析師的溝通挑戰	219
9.4	用數據講故事	220
9.5	與團隊角色進行合作	222
9.6	分析的限制	223
9.7	商業分析中的理想主義與現實主義	223
9.8	成功故事的隱含意義	224
9.9	對使用分析的抗拒	225
9.10	建立對分析的信任	225
9.11	大數據的影響	226
9.12	文本在分析中日漸增加的重要性	230
結論		**235**

CHAPTER 10　結語　239

附錄 I　以大數據觀點介紹 Hadoop　241

前言　241
組成 Hadoop 架構的模塊　241
Apache Hadoop 生態系統中的應用程式　248
Flume 介紹　249
ZooKeeper 介紹　249
使用 Hadoop 進行大數據探勘　252

附錄 II　安裝並執行 GATE　253

1. GATE 的前置需求　253
2. 如何運行 GATE　253
3. GATE 的特點　254
4. 重要術語與其定義　254
5. 運行 GATE IDE　255
6. 如何建立語言資源　256
7. 如何建立語料庫　256
8. 如何添加新的插件軟體 (Plugins)　257

參考文獻　259
索引　269

大數據簡介

Dr. Parag Kulkarni

1.1 前言

這個世界是一個複雜的系統,在每個人的生活中,每天都會有許多的交易和事件發生,這些事件都為數據的建立和收集做出了貢獻。每次交易所產生的數據並沒有特定的格式,它不是結構化的,並且來自各種不同的來源。這些事件與其他事件相關,從而導致了一系列的事件,這給我們帶來大量的數據;更確切地說,是大量的半結構化或非結構化數據,儘管其中也包括一些結構化數據,但結構化數據的比例微乎其微。而要如何最好地利用這些數據進行決策即為關鍵所在,收集、分析和使用這些數據是我們所面臨的主要挑戰。文本分析、商業分析和軟體分析,或者更廣泛地說,與數據分析不同,就是關於更偏重於分析這些數據中的趨勢並建立見解。本書的主題即為大量非結構化數據的探勘和處理,對於著重於數據結構的小資料集的學習和探勘方法,根本無法應對這個大數據問題,傳統的學習技術基於太多的假設,在現實生活中處理大量數據時,這些假設並不成立。

此處的基本假設是這種非結構化數據處理和文本分析,將解決傳統資料探勘和處理所面臨的問題。但任何解決方案都有其挑戰,大數據分析和大數據探勘由於數據的大小、所需的處理速度和數據的異質性而面臨著許多挑戰,本章將概述這個探勘非結構化數據的歷程。

1.2 什麼是大數據？

在過去的幾年裡，每個人都在大肆討論大數據，全世界對大數據趨之若鶩。有很多應用需要處理大量的數據，這些數據有多種形式，但主要是非結構化的形式。從群眾行為、大型社區到社交網站，在許多實際情境中都產生了大量需要探勘的數據。人類和地球上的所有其他生物，甚至是非生物，都產生了長達數千年時間的數據，這些數據包括行為數據、交易數據、關聯數據等。所有的企業和社會都在以不同的形式生成數據，同時，數據也是這些企業和社會不可或缺的一部分。這些數據有多種形式，企業記錄有關客戶、銷售、產品、財務交易、利潤等的數據，並收集、處理、儲存和探勘這些數據，最終有效地使用這些數據進行決策，這就是資料探勘和數據分析研究的目標。從理論上來說，使用這些數據來建立競爭優勢和提供更好的服務，看起來完全沒問題，但是處理和使用這些巨大的非結構化數據卻有著許多的挑戰，這些挑戰的範圍包括從數據的類型到大小。這些數據的數量非常龐大，並有著不同的類型和多樣性，而且它的生成速度非常快，最重要的是，在現實生活的問題中，我們期望這些數據能夠以非常高的效率、準確性和速度來處理和消化。為了應對這些龐大、高速且多樣的數據，各種不同的技術相互匯聚並形成所謂的大數據，以便管理和利用這些數據，大數據就是在處理這些問題，並允許用戶收集、儲存、管理、操縱和探勘這些巨大的數據。

大數據的探勘需要超越傳統的非結構化資料探勘，它涉及到關聯和推導更廣泛的模式。簡而言之，大數據不是單一用於資料探勘的技術，而是所有屬於非結構化和結構化資料探勘範疇的技術組合。大數據探勘是指高速處理多樣化和大量的數據，以及時衍生出供決策使用的數據模式。

雖然在過去的幾年中，出版了許多揭示大數據探勘概念的書籍，但本書提供了對大數據和非結構化資料探勘的不同觀點，帶領讀者前往一場非結構化資料探勘之旅，了解非結構化數據探勘的不同方面，同時揭示大數據探勘的不同實際層面，另外也有著重於機器學習(Machine Learning, ML)和在大數據情況下處理和決策的探勘方法。

1.3 非結構化資料探勘：挑戰與當今技術

世界上的大部分數據都是非結構化的，雖然在管理結構化數據時就已存在一些挑戰，但當數據是非結構化的時候，這些挑戰會呈倍數增加。以下是探勘非結構化數據具有挑戰性的原因：

1. 沒有任何類型的標籤。
2. 清理數據非常困難。
3. 推導模型並選擇出有用的數據是相當困難的任務。

企業需要了解其客戶、利益相關者，甚至是與之相關的其他實體行為。眾多客戶和商店之間在整個交易過程中進行了大量的信息交流。機構和客戶之間收發數以百萬計的電子郵件；不同的部落格、社交網站、布告欄、推文等，都有不同的貼文被發布。這些數據具有獨特的能力，可以深入了解那些以商業角度而言，非常重要的客戶行為。這些數據都是非結構化的，想要以人工進行編譯、探勘這些數據從而得出結論，幾乎是不可能的事，而且人工方法最大的缺點就是處理數據所需的大量時間。因此，使用人工方法及時提供解決方案幾乎是不切實際的。

有許多類似的問題需要處理非結構化數據，由於缺乏結構、資料的異質性以及周邊資訊和情境的影響，分析這種非結構化資料並得出結論變得非常複雜。非結構化資料探勘是一個高度知識密集型的過程，非結構化資料探勘具備複雜性的原因有許多，例如：在非結構化資料探勘中尋找有用的資訊是一項多維任務，並需要考慮使用者的意向。由於有如此多的可能性，探索它們之間那些耐人尋味的模式和關聯性就充滿著挑戰。儘管結構化和非結構化資料探勘在預處理和模式推導等方面有許多相似之處，但非結構化資料探勘需要不同的方法和探索性智能來處理不確定性、動態行為和推斷。

有些研究者認為「非結構化」是一個誤導性的術語，資料應該不是半結構化，就是弱結構化的。所有類型的文字檔案都有某種語義結構，這也適用於其他類型的文件。文件或數據如果幾乎沒有明顯的排版結構或標記指示，則代表著缺乏結構，例如：大多數的研究論文、法律和政府文件、故事，甚至是隨機收集的資料，都是弱結構化文件或資料集的例子。

除了詞元 (token)、單字和字元之外，另有許多概念可以試著用來解釋文件的相似性和主題，還有文件和資料的特徵，如概念、上下文、主題、議題和議題呈現，本書都將詳細闡述這些觀念。

概念

概念 (concept) 是指文件的特性，這些特性可透過典型的統計和有規則的分類而顯現。概念可能並非直接與文件中某個特定的關鍵字或關鍵語句有關，大多是與試圖表達的概念有關。一份文件可能代表醫療保健的概念，即使一次也沒有提到「醫療保健」一詞；同樣地，文件可能代表營養概念，卻並無提及實際的單字。概念超越了單字的實際出現，概念識別器就試圖根據詞元的出現和關聯來找出概念。

例如：一份包含跑車評論的文件集合，實際上可能並不包含特定的單字，如「汽車」，或特定的語句，如「試駕」，但「汽車」和「試駕」的概念仍然可能被發現在用於識別和表示該集合的概念集合中。概念可以幫助澄清和消除單字出現的歧義，與基於單字的出現、頻率得出的傳統詞彙及詞語層次特徵不同，概念的特徵可以包括短語、詞語，甚至是在文件中沒有特別多次出現或重複出現的詞語語料庫。

上下文

以文件內容為基礎，尋找文件的上下文 (context) 情境、事件的上下文情境，以及與用戶上下文情境相關的重要性。上下文可以是關於地點、時間、主題和情況，某些事情在特定的上下文中可能很重要，但在其他上下文中可能是毫不相關的。

主題

代表文本的想法，或與文本一致的想法。主題 (theme) 可以將各種文件聚集在一起，而主題分類可以幫助獲得文件的群集以用於決策。主題具有更內在的特性，而議題 (topic) 更傾向於代表性的性質，因此主題可以用來找出與領域和應用有關的微妙差異。在某些情況下，主題被認為是在呈現當中使用的重要詞語。

議題

議題更像是文本中明確的主題或單一代表性想法。在某些情況下，主題和議題兩者都可用於文章討論的題目。但從分類和決策的角度看，主題更為通用，而議題則更為具體、明確。

1.4 非結構化資料探勘應用

由於大部分的資料和各種領域中的可用數據都是非結構化的，所以大多數的應用都需要進行非結構化資料探勘。從不同分析產生的不同資料流、各種機器產生的輸出，以及各種應用（如法律、醫療保健、金融和保險）產生的文件中，都有大量的非結構化或半結構化資料。非結構化資料探勘的應用非常廣泛，包括：

- 律師分析法律文件。
- 專利律師分析專利文件。
- 分析病人數據和行為。
- 意見探勘。
- 商業數據分析。

非結構化資料探勘包括以下內容：

1. 搜索和數據擷取。
2. 文件分析、整合和管理。
3. 商業智慧。
4. 意見探勘。

非結構化資料探勘不是單一學科，而是需要多種科學領域共同合作，例如：

1. 機器學習。
2. 統計學。
3. 自然語言處理 (Natural Language Processing, NLP)。
4. 文本處理和探勘。
5. 語言學與關聯性。

1.5　大數據分析：挑戰

　　大數據呈現出異質性並包含不同的特點，因此，處理大數據會令人有些摸不著頭緒，且對其分析亦非常複雜。大數據分析可顯現出商業結果與各種數據之間的模式和關聯，與其他數據相比，大數據探勘和大數據分析所面臨的挑戰截然不同，因為它需要更快的速度和更有效的演算法。

CHAPTER 1　**大數據簡介**

　　大數據分析中的挑戰包括它的異質性,以及其豐富的自然語言特徵。大數據是異質的,但典型的傳統處理演算法期望數據是同質的。此外,還存在一個實際上的困難,那就是並非全部數據都是可用的。例如:如果一名員工未提供所有數據,則某些部分將會有缺漏。處理這種部分信息或不完整信息是探勘和處理大數據的一大挑戰,即使運用錯誤處理方法 (error handling methods),也可能有部分案例無法處理。

　　數據量的增加是分析大數據時的另一個挑戰,儘管我們可以使用雲端計算 (cloud computing) 來儲存大量數據,但在交互式和分布式數據處理方面仍然有即時反應的需求。

1.6　進階機器學習與文本資料探勘

　　由於存在如此多的可能性以及對非結構化數據的智能數據處理需求,我們需要具有不同能力的學習方法來分析非結構化數據。為了適應不同的概念、語境和主題特徵,並提供最合適的決策,傳統的機器學習方法是不夠的。我們需要找到不同主題之間的關聯、語境融合、概念建模,以及對情境向量 (context vectors) 的表示和處理。

　　由於非結構化數據不斷湧入且數量龐大,基於結構化歷史模式,傳統學習技術無法滿足此需求。處理非結構化數據的動態行為、大小和隱含關係時,需要以不同的方式進行學習。典型處理非結構化數據的方法包括:增量機器學習、自適應機器學習,以及基於探勘的進階聚類技術。在本書中,我們將嘗試詳細闡述這些方法和類型,並參照標準資料集以及自定義資料集進行說明。

1.7 什麼是上下文？

　　上下文指的是數據、物件或文件在環境和情境中的重要性和定位。上下文決定了一個行為或數據的重要性，甚至是其意義和相關性。一個在某處很重要的事物，在其他地方可能無足輕重；今天相關的事物，明天可能不再相關；對某個人非常重要的東西，對另一個人可能就不那麼重要，上下文試圖捕捉這種關聯。科學家可能會從與商人不同角度的上下文情境來看同一份數據，因此，上下文不僅僅是關於文件或數據，還包括它與用戶、環境或特定領域的關聯。上下文是關於文本與情境之間的聯繫。根據環境的不同，一份文件可以有多個上下文。文件的上下文可以是局部的，也可以是全域的。

　　舉例來說，如果在與板球相關的情況下使用「球」(ball) 這個字，它可能指的是板球；而在足球相關的情況下，「球」指的則是足球。在數字的情況下也是類似的，例如：在有關體溫的上下文情境中，「37」這個數字是相當高的，但在分數相關的上下文中它卻是非常低的。上下文有很多層面，例如：每個問題都有一個上下文，在不同的上下文中，詢問相同問題將回饋不同的答案，例如：

1. 醫生在給病人體溫計時問道：「告訴我溫度 (temperature) 是幾度？」在這個情境下，「溫度」指的是體溫。
2. 「今天太熱了，溫度 (temperature) 是幾度？」在這個情境下，溫度指的是室溫。

　　上下文可以基於相鄰的句子來確定，也可以基於參與對話的人來確定，還可以基於最近曾發生的事件來確定。

1.8 透過多階層資料探勘建立上下文

簡單和傳統的資料探勘無法確定上下文，上下文既不是主題，也不僅僅是一個類別，上下文是與情境、應用和地點具體相關的。在一些文獻中，多階層關聯規則有時會被用於較大的資料集。多階層關聯有助於揭示資料集之間的不同處和關係。通常在某個階層上不可見的關係，或許在另一個階層上是可見的，例如：商店中的商品之間可能存在聯繫，而不同商店之間也可能存在聯繫，甚至是不同商店所在地之間也可能存在聯繫。但是多階層關聯不僅僅是關於這些，更是關於不同階層之間關聯的相互依賴性。

非結構化數據的購物籃分析

分析數據有很多種方法，我們將根據大數據來探討這些方法。購物籃分析 (market basket analysis) 指的是基於顧客購買組合的傾向，來分析店內不同商品之間的關聯。這是一種統計方法，該分析使用先驗演算法 (Apriori algorithm)、M.S. 先驗演算法 (M.S. Apriori algorithm) 以及其他改良後的統計技術。對於文本分析，研究人員使用的方法是基於不同術語的共現 (co-occurrence) 以及擴展的詞袋 (bag of word) 技術。對於更龐大的數據，以及不同來源且問題空間不斷擴大的數據，我們可以透過擴展先驗演算法，使用多階層先驗演算法 (multi-level Apriori algorithm) 來處理。而從實際的角度來看大數據問題，我們該如何尋找數據點之間的關聯呢？傳統的購物籃分析方法或修改過的購物籃分析能否達到目的？從計算複雜性的角度來看，會發現許許多多的問題。也因此在接下來的章節中，我們將討論如何改進購物籃分析，以滿足文本分析和大數據分析的需求。從計算複雜性的角度來看，會發現許多問題。在接下來的章節中，我們也將討論如何改進購物籃分析，以滿足文本分析和大數據分析的需求。

1.9　建立應用與處理大數據

　　許多地方可以收集到大量的異質性數據，可能是某個多人參與的集會，如大型遊行和聚會，或是來自不同來源的大量數據，可能是大城市、大量的交易數據，如手機上的資訊交換、即時通訊和社交網站。分析這些大量的數據，從中探勘相關資訊以進行決策，就是大數據探勘的一例。處理這些大數據是一個挑戰，在現實生活中都有著許多大數據的應用。

大數據在醫療保健領域的未來

　　社交媒體和社交網絡增強了人們之間的連接和溝通，不同的消息以非結構化或半結構化的形式流往不同的方向。社交媒體對醫療保健行業產生了巨大的影響，這增強了病患、醫療服務提供者和社區之間的溝通，病患和服務提供者之間的溝通使資訊得以流通，並成為大數據的來源。社交網絡涉及大量數據，大量的非結構化數據有著不同的特點，並帶來了許多挑戰。不同的病患可能有不同的意見，數據中可能存在偏見，甚至是基於部分知識所產生的誤解。

　　同樣地，在企業應用中也存在許多挑戰。事實上，所有的商業模式都在轉變成信息驅動，包括物流、醫療保健、庫存管理和銷售分析。在全球各個領域，大數據可以實現巨大的節省效益，包括醫療保健領域。大數據不僅可以應用於醫療和研究領域。甚至在公共部門和治理方面也有眾多的大數據應用，政府部門也需要處理大量數據，以實現有效的決策制定和管理。大數據不僅僅是獲取大量數據，它正在重新定義數據管理的版圖，並組織大數據應用中的非結構化數據。

1.10 大數據與學習

大數據涉及學習，大數據處理的是巨大、非結構化或半結構化的數據，這些數據通常是異質、部分的，且要求快速得出結果。因此，大數據需要更好的學習方法，以處理不確定性。事實上，像文件檢索、醫療數據分析這樣的應用，囊括了不同格式的數據。對於大數據而言，由於數據中的不確定性和異質性，單純基於模式的方法並不適用。大數據產生了像大氣科學數據這樣的領域：迅速膨脹的觀測數據（例如：雷達、衛星和感測器網絡）、連續的電氣數據、氣候模型、整合數據等。此外，我們不能僅僅依賴基於歷史數據的利用方法，還需要以探索為基礎的方法。除了像貝氏網路 (Bayesian networks)、隨機森林 (random forest) 等統計機器學習技術，以及基於歷史模式的機率技術外，還需要使用其他關聯和探索的方法。

有些研究者認為大數據需要大規模的機器學習，這涉及到大量的維度、大量的任務和大量的結果。如果我們從智能代理的角度來看，它是通過感測器接收到許多信息，並進行大量的處理以產生給予執行器的各種行動指令。這方面的典型例子是生物資訊學，涉及許多計算和統計的挑戰。近年來，許多研究者致力於此方向，發展處理大數據的方法，所進行的工作包括大規模的監督式學習、各種非監督式學習與大型數據的分群方法。

1.11 分析與大數據

分析大數據有助於為機構建立競爭優勢。不同電商和搜尋公司的推薦引擎在某種程度上都依賴於大數據分析。因此，大數據的分析能力為機構提供了獨特的機會，從而在策略決策方面取得競爭和商業上的優勢。僅僅對大數據進行抽樣分析可能會導致許多錯誤，深入查看大量真實數據才可以展現和揭示真實的全貌。

基礎分析

　　基礎分析指的是傳統的數據分析方法，這些方法包括將數據分割為數個相關的區塊。由於數據被劃分為較小的區塊，使得資料集變得容易探索和分析，例如：將全國的數據劃分為較小的區塊來分析它；甚至在不同階段也考慮了重要性的不同維度，但這實際上使人忽略了真實的問題空間。基礎分析還包括實時的對數據進行基礎監控。基礎分析的另一種方法是異常檢測，在這部分是觀察數據以檢測異常事件，使用了像是統計簽名 (statistical signature)、移動平均 (moving average) 或一些統計測量的簡單方法。在出現異常的情況下，會發出警報。

進階分析

　　由於基本分析可能無法處理複雜的情境，因此，分析非結構化數據會使用進階分析。文本分析可用於處理非結構化的文本數據，並將其轉化為某種形式，以便深入了解它。使用了包括計算語言學、自然語言處理、統計學和計算機科學相關分支中的各種方法，以及其他分析和資料探勘演算法（混合式方法）。

1.12　文本分析與大數據

　　每日都會有大量的非結構化文本資訊產生，它以郵件、訊息、通知和文件等形式存在，這些資訊是異質的，並來自不同的來源。大多數時候，資訊都是部分的且帶有某種偏差。我們每天都可以隨意使用大量的資訊。並且，我們對於品牌、產品、新聞甚至對話都會產生情感。這些情感以訊息和對話的形式在社交媒體上出現，監控並查看社交網絡上關於品牌、產品、新聞和事件的公開對話和評價，需要文本分析工具有更高的洞察力和吞吐量。文本分析有許多技術層面，本書旨在深入探討文本分析和大數據，以認識文本分析的實用面，並詳加描述文本分析和大數據分析的研究和應用

　　文本分析的目的非常明確，它不僅僅是深入理解文本，而是在給定的情境和參考語境下理解單詞／語料的意義。由於句子中可能存在歧義，因此要從單獨的句子中獲取正確的意義是有困難的。「He saw a scientist with telescope.」這句英文可能有兩種意義：(1) 他透過望遠鏡看到一位科學家。(2) 他看到一位帶著望遠鏡的科學家。雖然常識表明，科學家很可能帶著望遠鏡，但仍然無法確定是哪一個意思，文本分析中就需要處理許多此類的歧義。

　　文本分析旨在以主題框架的形式建立文本之間的關聯性，使我們可以在給定的上下文情境中將其視覺化，目前已有許多文本分析研究項目一一啟動，以及多項分析功能受到關注。本章詳細闡述了具有實際範例的文本分析功能和其與廣義而言的關聯性。包括：

1. 主題識別。
2. 理解與探勘概念。
3. 多標籤文本的分類和關聯性。
4. 多文件關聯和摘要。
5. 多階層和分散式聚類。
6. 計算語言學。
7. 上下文判定與關聯（上下文向量機）。
8. 增量學習和探索性文本分析。

　　實際的範例和案例研究，使人們能夠透過文本分析和非結構化數據處理，來理解在社會領域中進行的對話和生成的數據，包括部落格文章、推文、評論等。

文本分析可以被視為文本探勘的前置處理，它有助於發現非結構化數據中的關係和其他結構。實際上，將非結構化數據直接轉換成結構化數據是無益的；相對的，文本分析是使用非結構化數據並將其轉化為可用形式。本書的案例研究如下：

- 情感分析，分析關於每日新聞的意見，並根據讀者的選擇呈現它們，同時抑制負面新聞。
- 監控品牌聲譽。
- 識別顧客的行為。
- 識別與產品相關的投訴。
- 透過調查結果產生有用的結論。
- 文本分析以改善客戶服務。
- 書評。

除上述之外，其他的商業益處還有如客戶保留、客戶行為預測以及提高客戶滿意度。

主題識別

這項工作涉及到收集非結構化數據，並根據主題進行識別和聚類，包括主題串聯，並為商業層面的決策提供大局觀；書中也有介紹情感分析和意見探勘的案例研究。

概念探勘

目前已有許多概念探勘的研究工作正在進行中，概念探勘的想法是，概念可以用來理解文件之間的關係。僅將單詞組成的對話轉化為概念並不是很有效，因此本書將詳細說明如何使用上下文資訊、後設資料 (metadata) 和關聯來確定概念的工作。

多標籤文本分類

在世界上,一個單一的數據項目可以有多個標籤,這使得整體的分類和關聯處理變得更加複雜。而在大型非結構化數據中,這個多標籤文本分類問題就變得更加難以解決。由於這是與大數據有關的文本分析中最重要的問題之一,因此本書將加以詳細介紹。

多文檔關聯和摘要

因為有著大量的文件和非結構化的訊息,所以有必要對它們進行摘要和關聯,本書也說明了關聯和摘要這些文件的方法。

多階層和分散式聚類

大數據分析需要將高維度的數據進行聚類,由於數據是分散的,因此無法期待如此龐大的數據都能夠集中在同一個地方。一些如子空間聚類及其變化型態等技術,可能適用於處理這種情形。並且為了使子空間聚類更適合大數據分析,本書詳細闡述了文本分析和此方面的相關研究。

計算語言學

對於情感分析和商業評論分析,需要處理大量的文本。計算語言學是文本分析的主要部分,它負責自然語言的處理、呈現和使用認知能力、翻譯和摘要。本章對於此一領域在文本分析和大數據上的研究,像意見探勘、抵押文件探勘、法律文件探勘和政治意見探勘等案例都有所討論,包括一些關鍵結果和應用。

上下文判定與關聯（上下文向量機）

上下文是現代文本分析和決策制定的關鍵。任何句子的含義通常由上下文驅動，在不同的上下文中，相同句子的意義可能會有所不同，確定上下文是最複雜的任務之一。許多研究者採用位置重要性、基於自然語言處理的方法、詞語聯想和詞頻等方法，本書還提出了一種新的上下文向量機方法來確定上下文和探勘文本數據，此方法在建立上下文向量時，利用了位置重要性和其他文本關聯方法，有助於處理大量的非結構化文件集。

增量學習和探索性文本分析

隨著數據的大小增加，數據的維度也隨之增加，這種維度的增加提高了計算的複雜性。傳統的學習方法，如從零開始學習，或在學習時完全不考慮歷史數據的方法，已不再有效。本書介紹了各種增量學習方法，以在探索過程中容納新數據，包括醫療保健數據、文本數據和商業數據的案例研究。

1.13 理解文本分析

我們可以在自然語言處理、資料探勘和知識探索中找到文本分析的本質，文本分析和提取的技術是基於計算語言學。文本分析不僅僅是關於文本搜索，搜索通常的目標是定位用戶已知的文件，而文本分析更多地是關於資訊檢索和探索資訊。自然語言處理提供了在不同層次上的文本分析，通常包括：

- **詞法分析**：專注於不同個別單詞的特性。
- **語法分析**：使用文法結構和語法特徵。

語義分析專注於意義，下一層分析則試圖判定單詞和句子之上的意義。

1.14　處理大數據的商業智慧產品

商業智慧產品是為了深入了解數據，並為企業做出智慧決策所開發的。「商業智慧」(Business Intelligence, BI) 這一術語包括協助企業策略規劃的工具、流程和系統，它讓企業得以收集、儲存、訪問和分析企業數據，以便決策時以有效的形式呈現。

商業智慧系統 (business intelligence systems) 應用在多個領域中，如客戶資料分析和支援、市場分析、統計分析以及庫存和分銷分析等。傳統的商業智慧系統是基於小數據和預定義的輸入構建而成，而這些輸入資料更為結構化、易於理解，傳統的商業智慧系統在設計時並未考慮到大數據。由於大數據是異質的，它是非結構化和半結構化數據的混合，高度的複雜性、不確定性和不完整性，使大數據與傳統商業智慧系統所需的數據有所區別。而這些數據來自多種來源，包含大量的雜訊、變異和缺失的數據點，它可能是實時數據，因此需要及時的回應，因此，傳統的工具無法應對大數據。但新的商業智慧系統應該要能夠處理大數據，並具備大數據分析和探勘的能力，當舊工具在新的環境下逐漸變得過時，新的商業智慧工具正在成為現實，試圖滿足這些需求。現代的數據探索工具正被設計用來處理大數據，並為了應對大數據而加強數據安全和隱私解決方案。企業收集的數據大多以文本格式存在，其中包括業務通訊、文本文件等，文本分析涉及文件的關聯和表示，現代商業智慧系統應當要能夠處理這種非結構化的數據。

1.15　非結構化資料探勘與分類方法

　　非結構化的資料探勘和學習方法與結構化數據的方法有所不同，用於提取各欄位的值和資訊的結構化方法，並不適用於非結構化數據。讓我們舉一個簡單的例子，從安全的角度將大型遊行中的人類行為進行分類。有數百萬人為了宗教目的而前來參加遊行，此時安全至關重要，而基於抽樣數據的行為分析可能無法達到目的，因為任何一次未檢測到的異常行為都可能會導致出現安全上的隱患。因此，從各種輸入收集所有行為數據就變得很重要，這些輸入可能包含拍攝到的視頻、人與人之間的互動、社交媒體貼文、電話通話和許多其他來源，建立了龐大的異質數據。接著，我們需要能夠分類和關聯這些數據以了解安全隱患的方法。

1.16　大數據與機器學習的趨勢

　　傳統的資料探勘和機器學習是基於事件與結構的。數據的範圍被限縮，以減少維度和計算複雜性，但也因此犧牲了一些資料中的系統性資訊，導致整體的概況變得不夠清晰。在大型企業、巨量的銷售數據或社交活動，如市集、大壺節（kumbh mela，印度教宗教活動）這樣的大型集會、商業會議，使用部分數據將無法提供完整的情況，導致的結果就是可能不適用於系統。真實生活中的場景是豐富、動態、不確定的，並充滿了部分和不完善的信息。如果我們從這個角度看待大數據，那麼它是可以獲取和處理大量多角度數據以構建整體畫面的。簡單的數據與基於事件的學習和決策會在系統中產生許多副作用，因此，解決這個問題是當前機器學習和大數據的趨勢，所以大數據領域的新趨勢不僅僅是關於收集和數據構建，還包括分析、模式關聯和決策制定。機器學習的趨勢包括：

1. **適應性機器學習 (Adaptive ML)**：不斷變化的動態環境不允許使用相同的傳統學習方法，學習方法需要適應新的數據和新的場景，而適應性機器學習會根據學習場景和數據調整學習方法和策略。
2. **增量式機器學習 (Incremental ML)**：每次有新數據出現時，不能總是從頭開始學習，因此需要進行增量式學習。增量式學習的特點是模型可以不斷接收新數據進行動態更新與學習。也就是說能夠在吸收新知識的同時，保留、整合並且優化既有知識。因此，每當面對新的情境時，我們能夠布署對應的新方法。
3. **多角度機器學習 (Multi-perspective ML)**：由於數據來自不同的來源，有時數據是不完整或部分的，甚至收集到的數據也是從不同角度而來，但決策者需要從某一特定角度做出決策。多角度機器學習能考慮不同的觀點，從不同的角度分析數據，並根據最合適的角度提供決策。
4. **關聯性機器學習 (Associative ML)**：在大型資料集中，關聯性是關鍵，關聯性機器學習透過關聯不同的情境和數據點提供決策。它將模式關聯起來以進行模式分析，是機器學習中最強大的方式之一。在這其中，數據點和模式之間的多階層關聯會被用於做出決策。
5. **系統性機器學習 (Systemic ML)**：由於可能增加的複雜性，我們應該優先確定數據與學習環境的範圍分別是什麼，系統性機器學習是關於以系統為參考進行學習的，它更加重視相互依賴性。

1.17　章節介紹

　　本書是為正在尋找大數據趨勢及其與傳統資料探勘間關係的讀者而寫，主要探討大數據和探勘非結構化數據，並試圖展示作者團隊在過去五年中的研究成果，其中作者團隊深入地研究了非結構化資料探勘，並將其延伸及應用於大數據探勘。書中每一章節都呈現了非結構化資料探勘和文本分析的新觀點，詳細說明了文本分析與大數據之間的關係，並參考了在此領域中執行的實際問題和研究。

第二章介紹各種資料探勘方法和模型以及不同的應用，為進一步探討與大數據探勘相關的概念奠定了基礎，透過案例研究討論各項實際層面。

第三章介紹了大數據及不同的方法論。本章透過詳細的案例，討論使用不同工具進行大數據探勘。第四章討論的是上下文，它是資訊中非常重要的一個部分，但僅被部分人們所熟知。在非結構化的大數據中，上下文能有效的應用。本章包含了如何使用具有上下文功能的數據、使用上下文所面臨的挑戰，以及如何在長文和短文中找到上下文。

第五章介紹了大數據文本分類和主題建模的概念，還介紹了透過在超連結 (hyperlink) 和語言層面上，利用上下文來實現基於上下文學習的概念；並說明關聯提取以及使用 GATE 工具的方法。此外，也探討了主題建模的技術。最後討論使用 WordNet 和類似方法從文本中構建情境的情境模型。

第六章從大數據的角度討論多標籤文本分類。在文本分析中，由於文本表示中存在的固有歧義，單一文本文件可能同時屬於多個概念類別，從這種情境中做認知推斷被稱為多標籤，這個過程使整體的分類和關聯處理變得更為複雜。此外，對於大型的非結構化數據，這種多標籤文本分類問題變得更加難以解決。由於圖形 (graph) 表示法的簡單性和廣泛的適用性，它被認為是文本文件最適合的表示方法。這些圖形表示法保留了像詞語的排序和關聯之類的信息，各種不同的圖形演算法都可以用於文本分析。且由於這是與大數據相關的文本分析中重要的問題之一，第六章將致力於透過討論多標籤非結構化大數據探勘中的各種問題來解決上述挑戰。

分散式聚類已成為探勘分散式數據源中非常重要的預處理任務。許多真實世界的分散式資料集是由高維數據建模的物件組成，例如：圖像檢索、分子生物學、資訊檢索等。因此，在第七章中，我們介紹了分散式以及高維度資料聚類中涉及的各種挑戰。子空間聚類演算法尋找並建立重疊的聚類(overlapping clusters)，不一定會是在整個維度空間中，而是在屬性的子空間中。由於這是目前用於找到隱藏在高維度分散數據中聚類的最佳解決方案，因此第七章詳細描述了最適合大數據的子空間聚類方法論。

第八章涵蓋了機器學習的基本概念和不同的學習典範(paradigms)，討論了機器學習技術在分析預測和預報中的必要性和重要性；本章還包含對大數據分析中增量處理的需求及其應用。第九章論述了數據分析所創建的各方面價值，並含括了商務分析的一些重要層面。第十章總結了書中涵蓋的重要論述，並提供了一些建議讓讀者能進一步思考。附錄一則是從大數據的角度介紹 Hadoop 框架。

結論

大數據已成為全球的熱門話題，它不僅僅是關於巨量的數據，更重要的是數據大小與我們嘗試解決的問題息息相關。實際上，大數據解決了一些傳統資料探勘的瓶頸問題。大數據不只是技術上的變化，更是典範的變化。典範與整體數據的分析和決策制定有關，因此，無法採用傳統的機器學習方法。文本分析是大數據中相當重要的一部分，當我們學習非結構化資料探勘和文本分析時，可以觀察到許多大數據的微妙之處，並找到系統化的方法來應對這個新典範。

資料探勘與建模

DR. PRACHI JOSHI
PROF. SHEETAL SONAWANE
DR. PARAG KULKARNI

2.1　前言

　　多年來，資料探勘領域發生了一場革命，從企業到創業投資者，所有人都對如何將現有數據轉化為知識以實現最大利益感到興趣。這是一種擁有分析和預測未來潛力的知識，其範圍涵蓋了預測、預報和估計等領域，無論是投資計劃、氣象預報、確認天氣狀況，甚至是工作上的選擇，都與數據和資訊探勘有關。資料探勘和資料分析可將數據轉化為對話，透過參照上下文關係將數據轉化為知識，並將其收集以用於決策的制定。

　　探勘過程包括擷取有意義的資訊並進行分析，理解其隱藏模式和提取這類知識是相當具有挑戰性的任務。隨著科技的進步，也發展出新的演算法和處理方式，以應對不斷增加的數據，這些方法的目標是確定可用數據構建預測模型的有效性。

　　不論研究人員提出了哪種新的探勘演算法，仍需要適當的數據建模。而未來是否會產生「數據建模已過時」這樣的說法呢？從實際角度來看，對於商業智慧 (Business Intelligence, BI) 而言，數據建模至關重要，它能夠掌握所有面向的觀點！

　　我們知道，對於整體而言，資料探勘是負責將有隱含意義的資訊盡可能的提取出來。這涉及到擷取數據的不同視角，以及定義它們之間關係的整個過程。在某種程度上，探勘是數據建模中的一個過程。

典型的建模流程如圖 2.1 所示。

```
數據整合 → 關係辨識 → 預測模型生成 → 整合
```

圖 2.1　一般性建模過程

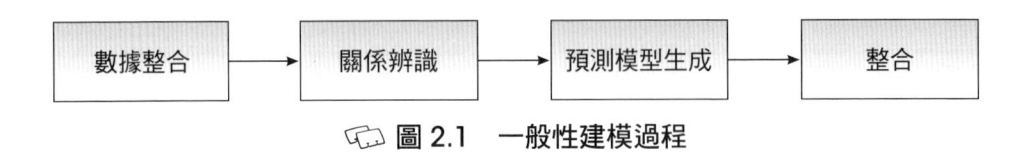

　　圖中所示的一般性建模過程適用於模型的建構，並將根據不同的應用而有所區別。

　　一般來說，當我們談論探勘時，是專注於去理解那些有價值的模式 (pattern)，這些模式將有助於對預測的理解。藉由熟悉探勘的各種方法以及所處理的概念，本章將為讀者建構出一條通往大數據分析的路徑，這是一趟從建模、探勘、知識探索到未來趨勢的旅程。現在讓我們從數據模型開始吧！

2.2　數據模型

　　以廣泛的抽象層次來說，我們可列出以下幾類數據模型層次：

- 概念層面。
- 邏輯層面。
- 實際層面。

　　現在讓我們將重點放在這些模型的含義上。概念模型主要處理並討論系統中的內容，它們實質上代表了「系統的需求」。更直截了當的說，這與商務需求有關，這些模型探索並取得利益相關者在商務上的需求。

　　邏輯模型關注於應用領域，主要考慮系統的布署及實作方式的必要性，但並未充分考量到資料庫的設計。這個模型可以說是參考了商務需求進行實作，儘管它可能並沒有著重於資料庫結構。

實際模型 (physical model) 是指涉及到資料庫設計和欄位細節的模型，因此需要同時考慮資料庫設計和實作兩個方面。

圖 2.2 列出上述模型。

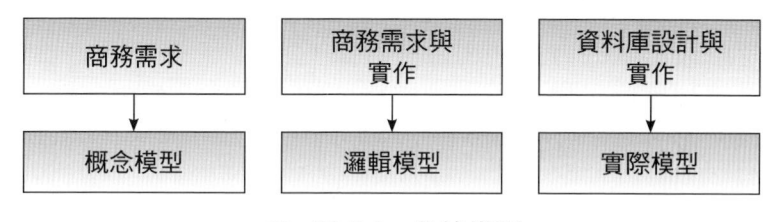

```
商務需求           商務需求與         資料庫設計與
                    實作               實作
  ↓                  ↓                  ↓
概念模型           邏輯模型           實際模型
```

圖 2.2　數據模型

商業分析師的角色

為了數據建模，我們必須做出決策，為了做出這些決策，需要先進行資料分析。若從一個商業分析師的角度來看，肯定會關注概念模型和邏輯模型。分析師需要去關注商務上的需求，並將其適當地映射到將要採用的模型中。

2.3　資料探勘的各階段

本節我們將關注於資料探勘的各方面，為什麼要探勘以及探勘的是什麼？我們已經知道建模是必不可少的，而分析部分則涉及到了探勘。但探勘主要專注於哪些部分呢？從廣泛的層面來說，資料探勘可以分為三個階段，即：

- 數據準備 (data preparation)。
- 模型生成 (model generation)。
- 布署 (deployment)。

數據準備有時也被稱為數據預處理，處理數據的清理、轉換和選擇。在進行分析之前，必須辨識出潛在的特徵，這些特徵能夠從預測的角度產生有效的結果，這結果與當下的問題特性有關。同時，處理後的特徵更與下一階段的分析息息相關。

這個階段需要考慮數據的轉換、特徵的減少以及正規化等各方面，以便在分析時以最正確的方式利用這些數據。

第二階段的模型生成是識別合適的模型，這包括根據前期可用的預測評估來識別出最有潛力的模型。在這裡，我們將研究各種機器學習技術和演算法，以解決當前問題並獲得所想要的結果。此階段最困難的地方在於選擇最佳的模型，並對它們的性能進行比較評估。

布署階段指的是將模型進行運作，以用於預測分析。圖 2.3 表示資料探勘的各個階段。

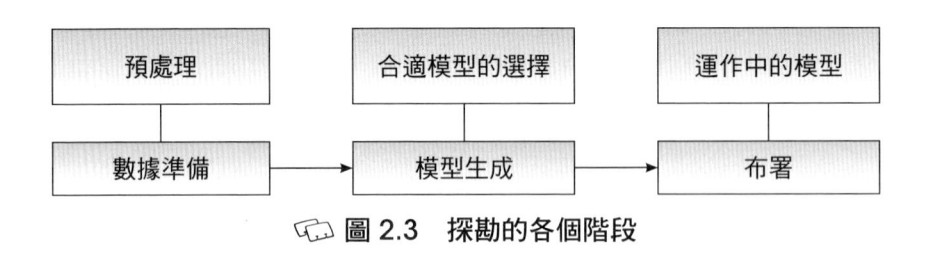

圖 2.3　探勘的各個階段

了解資料探勘方面的基本階段後，接著讓我們轉向知識探索。

2.4　資料探勘與知識探索

多年來，建立知識探索和資料探勘之間的關係一直是爭論的焦點。有意思的是，知識探索更強調從數據中探索知識，而不僅是對數據進行探勘。也因此，知識探索是從數據中提取過去未知且有價值的資訊。

更具體地說，資料探勘是知識探索過程的其中一個步驟。知識探索的步驟如圖 2.4 所示。

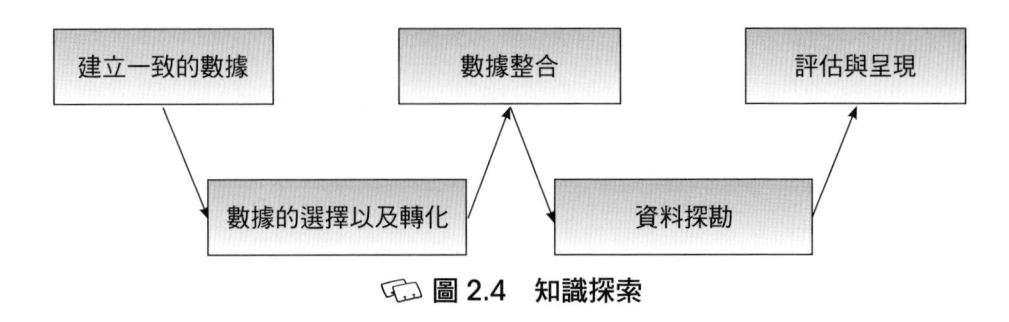

```
┌──────────────┐      ┌──────────────┐      ┌──────────────┐
│ 建立一致的數據 │      │   數據整合   │      │  評估與呈現  │
└──────┬───────┘      └──────▲───────┘      └──────▲───────┘
       │                     │                     │
       ▼                     │                     │
┌──────────────────┐      ┌──────────────┐
│ 數據的選擇以及轉化 │      │   資料探勘   │
└──────────────────┘      └──────────────┘
```

　　圖 2.4　知識探索

從數據中進行知識探索通常被簡稱為「KDD」(Knowledge Discovery from Data)，它是一個涉及提取、映射、轉換、轉化和選擇相關數據，以應用和評估不同探勘方法進行效益分析的過程，並且是一個會持續發生的過程。有些研究人員會將這個過程本身稱為資料探勘，如圖 2.3 所示，讓我們進一步說明如下。

- 首要任務是以一致的方式表示數據，這必然包括去除雜訊。
- 接下來是數據的整合，將來自多個來源的數據合併和整理。
- 進一步對數據進行選擇和轉換，在此需考慮數據的相關性。從探勘的角度來看，這些數據相當重要。

上述步驟有助於在進行探勘之前對數據進行預處理，後續的步驟如下：

- 資料探勘，利用各種智能演算法和機器學習技術檢索有意義的數據。
- 接下來的步驟是評估和呈現，在這個階段會識別並提供已探勘出的適當資訊。

2.5 資料探勘的各個面向

顯然，資料探勘著重從數據中獲得有用的資訊。但是，要探勘什麼樣的數據呢？首先，探勘需要處理各種型態的可用數據；並且，探勘方法需要具備掌握新數據，並隨著新數據出現而進化的潛力；此外，還需要確定所需的探勘行為類型。本節主要描述探勘的各種面向以及相應的數據。

數據

現在我們想要了解不同形式和種類的數據，但這些數據是非結構化的，且不停地在迅速增長，成為了大數據，因此需要進行探勘來處理。探勘所處理的各類資料集如下所述。

- **平面檔案**：這是探勘系統最常使用也最簡單的數據形式，這類數據包括交易數據或各種文本數據。
- **資料庫**：在處理關聯資料庫時，探勘系統能用於分析和預測，它們通常旨在發現可能影響產品的成長因素，或增加銷售等方面的模式。
- **資料倉庫**：管理多維結構並進行探勘是相當具有挑戰性的任務，在此所指的探勘行為包含探索不同層次的數據組合，並使用 OLAP 方式處理。
- **交易數據**：在處理交易數據時，探勘系統更專注於探勘不同數據項之間的關聯。
- **資料流**：不論是網絡上所進行的數據傳輸，還是感測器所持續提供的數據都需要進行分析，探勘行為也可以處理這些資料集。許多實時應用以資料流的形式產生數據。
- **空間數據**：可以根據需求從空間數據中探勘大量資訊，空間數據指的是能提供地理資訊或任何位置詳細資訊的地圖。在這些資料集中，預測活動通常是被關注的焦點之一。

- **多媒體數據**：這種數據包括圖像、視頻、音頻甚至文本媒體，想從這種數據中探勘相關資訊是一項複雜的工作，它涉及了圖像處理、電腦視覺以及自然語言處理行為。
- **時間序列數據**：這些資料集通常涉及股市、用戶登錄資訊等，因此，探勘行為需要即時分析，並且必須捕捉模式的趨勢。
- **全球資訊網**：這裡指的是網路上不斷增長且容易取得的數據，並具有異質性。此處的探勘數據實際上是前述數據的總合，這個探勘過程稱為網路資料探勘。
- **大數據**：包含從文本到圖像、音頻到視頻，以及其他各種組合的大量數據，多數情況下，它被視為一個資料流。大數據實際上為探勘過程帶來了許多挑戰，為了要管理數據的數量、速度和多樣性，傳統的探勘方法是不夠的。而目前主流雖然是使用平行和可擴展的架構來開展探勘活動，但未來的目標是透過平行處理和分布式儲存而使探勘行為產生改變！

探勘行為的類型

在了解探勘的各種資料集後，接著來討論探勘行為類型。我們清楚探勘能夠提供有助於預測、估算甚至預報的有效分析，但除此之外還有許多其他方面，讓我們逐一介紹：

- **分類 (categorization/classification)**：探勘涉及對數據進行分類，而分類是基於已學習的類別。通常是使用被稱為「監督式」機器學習方法，分類器會使用訓練集來構建模型，構建的模型則用於對未知樣本進行分類，圖 2.5 描述了此一過程。例如：由個人貸款（A 類）或房屋貸款（B 類）類別的文件集形成了訓練集（已標記的數據），用來建立一個分類器來理解並生成模型，當給予它一份未知文件時，應該要能準確地將此文件分類為 A 類或 B 類。這裡通常會使用各種不同的分類器，例如：單純貝式分類(Naïve Bayes)、決策樹、神經網路等。

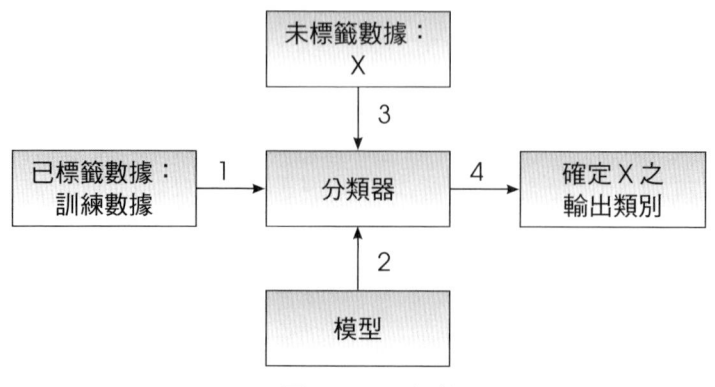

☞ 圖 2.5　監督學習

　　雖然我們方才討論了用於分類的監督式方法，但資料探勘在此處也將執行迴歸。迴歸是用於確定數值，因此，分類和迴歸都可以歸類為進行預測的方法。

- **聚類 (clustering)**：在前述的監督學習的案例中，我們討論了有關已知標籤的資料分群。此處的方法則是用於形成無標籤數據（數據屬於哪個類別是未知的）的群組，這種分群或聚類也稱為非監督學習。這些聚類是基於相似性形成的，其中類別內部的物件之間最相關，而跨類別之間的物件則相距較遠，也可以使用此方法來為實際形成的群組分配標籤。圖 2.6 為聚類形成的示意圖。

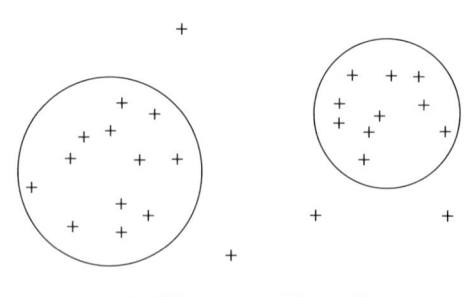

☞ 圖 2.6　聚類形成

- **特徵描述和區分 (characterization and discrimination)**：這是探勘的基本操作。探勘方法是基於設定好的目標類別，來總結／確認各筆資料所屬的類別，如從一組正在發生的交易中找出特徵。舉例來說，大量投資於特定股票的客戶，其詳細資訊的輸出可能就會與年齡、職業等有關。

  在區分方面，可以對兩個或三個不同股票的上述特徵進行比較研究。因此，當我們討論特徵描述和區分時，我們必須執行 OLAP 的向上彙總 (roll up) 和向下鑽取 (drill down)。

- **關聯性**：這是探勘中一個非常有趣的特點，關聯規則探勘提取並識別頻繁項目集。以購買物品的交易數據來說明，以關聯分析識別出物品購買模式中的關係。例如：一個客戶在購買鞋子時可能會買一雙襪子的關係或可能性，這些關聯性可幫助店家建立應該提供哪些物品的關聯規則。

- **異常值**：探勘可以處理的一個重要部分是異常值檢測。所謂異常值是指確定出那些與正常不符的對象／數據，它們或多或少的不遵循正常行為，因而被視為異常。我們可以使用基於距離的測量方法來檢測異常值，不論是監督式／非監督式，甚至是半監督式的方法，都可以用來進行異常值檢測

2.6 資料探勘方法

本節將一一說明前述資料探勘方法的應用及範例。

2.6.1 關聯規則探勘

如今，在各個領域，每天都有大量的數據產生，例如：超市的顧客購

買商品所產生的數據，這種數據被稱為市場交易數據，這可視為典型的範例，用以理解關聯規則探勘。

在表 2.1 中，每列代表著一筆交易，其中包含一個標籤為 TID 的唯一辨識碼，和一組客戶購買的物品集合。賣家們想找出客戶的行為規則，這些重要資訊可應用於如市場營銷、廣告和客戶關係管理 (CRM) 等業務決策上。

這裡我們聚焦在一種被稱為關聯分析的方法上，它有助於找出大型資料集中不容易被分析出的特殊或有用關係，這些關係以生成頻率模式或尋找關聯規則的方式來呈現。

表 2.1 超市交易數據樣本

TID	項目
1	{麵包, 蛋, 牛奶}
2	{麵包, 蛋, 起司}
3	{牛奶, 白糖, 麵包}
4	{麵包, 奶油, 起司}
5	{麵包, 奶油, 牛奶, 蛋}

例如：可以從給定的資料集中提取出以下規則：

$$麵包 \rightarrow 牛奶$$

這個規則顯示出麵包和牛奶銷售之間的強烈關聯性，購買麵包的人也購買了牛奶，這兩個物品之間發生關聯的機率很高，這種關聯對於零售商將產品銷售給客戶是相當有幫助的。

除了市場分析外，關聯分析還被廣泛應用在醫學、網路資料探勘、資訊檢索和生物信息學等各種領域。

CHAPTER 2　資料探勘與建模

對於市場數據的關聯分析主要存在以下挑戰：

- 大型交易數據。
- 識別的模式可能會誤導分析。

接著讓我們來詳細討論基本概念和演算法。

問題陳述

超市的數據可以用圖形格式來表示，如圖 2.7(a) 和 (b)，其中圖 2.7(a) 為鄰接矩陣。欄和列分別為各個物品，矩陣中顯示它們同時出現的次數，這個計數本身代表著其出現的重要性。

項目	麵包	雞蛋	牛奶	起司	白糖	奶油
麵包	-	3	3	2	-	1
雞蛋	2		1	1	-	
牛奶	3	2	-	-	1	1
起司	2	1			-	-
白糖	-	-	1	-		-
奶油	2	1	1	-	-	

圖 2.7(a)　樣本資料的鄰接矩陣

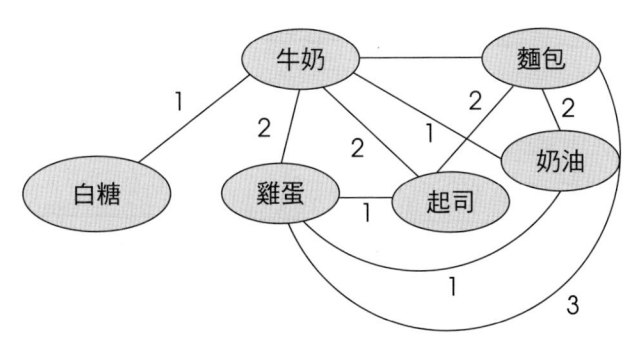

圖 2.7(b)　樣本資料的圖示

這種表示法是市場數據的簡單示意圖，它標記出物品同時出現的次數，並且有助於找到頻繁的項目集。

- **項目集 (itemset)**：假設 I 是購物籃數據中的項目集合，那麼如果項目集中的項目數量為 l，則稱它為 l 項目集。例如：{ 麵包, 牛油, 牛奶 } 就是 3 項目集。而空的項目集不包含任何項目。
- **交易 (transaction)**：假設 T 是所有交易的集合。

$$T = \sum_{i=1}^{N} t_i$$

每筆交易 t_i 包含 I 的一個子集。

$$t_i = \{t_{ij}, 其中 t_{ij} 是 I 的子集\}$$

例如：交易 $T1$ = { 麵包, 雞蛋, 牛奶 }，其中麵包是項目集 I 的一個子集。

- **支持計數 (support count)**：支持計數指的是包含特定項目集的交易數量。

$$支持計數 (L) = |\, t_i, 其中 L 是 t_i 的子集且 t_i 是 T 的子集\,|$$

例如：{ 麵包, 雞蛋, 牛奶 } 的支持計數為 1，代表只有一筆交易同時包含這三個項目。

關聯規則

關聯規則指出兩個項目集之間的關聯，例如：$A \rightarrow B$，其中 A 和 B 是不相交的集合。關聯規則的強度可以透過支持度 (support) 和信賴度 (confidence) 來衡量，支持度表示在給定資料集中兩個項目集都出現的次數，而信賴度則表示在包含 A 集合的交易中，B 集合中項目的出現次數有多頻繁。以下是它的定義：

$$支持度\ S(A \rightarrow B) = \frac{支持計數\ (A \cup B)}{N}$$

$$信賴度\ C(A \rightarrow B) = \frac{支持計數\ (A \cup B)}{支持計數\ A}$$

例如：考慮規則 { 麵包 } → { 牛奶 }，{ 麵包 , 牛奶 } 的支持計數是 3，總共有五筆交易。因此，

$$支持度 = 3/5 = 0.6$$

信賴度 = { 麵包 , 牛奶 } 的支持計數／{ 麵包 } 的支持計數 = 3/4 = 0.75

支持度和信賴度是商務決策的重要衡量標準，支持度是一個簡單的度量方式，它透過交易中項目集出現的次數與交易數量的比例來表示。信賴度使用條件機率來計算，如果信賴度高，則在包含 X 的交易中出現 B 的可能性會更大。

關聯規則探勘

尋找關聯規則有兩個主要任務：

1. **生成頻繁項目集 (generate frequent itemset)**：主要用於找到滿足最小支持閾值 (minimum support threshold) 的所有項目集。
2. **關聯規則生成**：主要用於從前一步找到的頻繁項目集中，提取所有高信賴度的規則，且這些規則是強而有力的。

先驗原則

先驗原則 (apriori principle) 主要用於減少在生成頻繁項目集時所找到的候選項目集數量，這個原則的主旨是：「如果一個項目集是頻繁的，那麼它的所有子集也必須是頻繁的」。圖 2.8 是一個簡單的例子。

▷ 圖 2.8　先驗原則範例

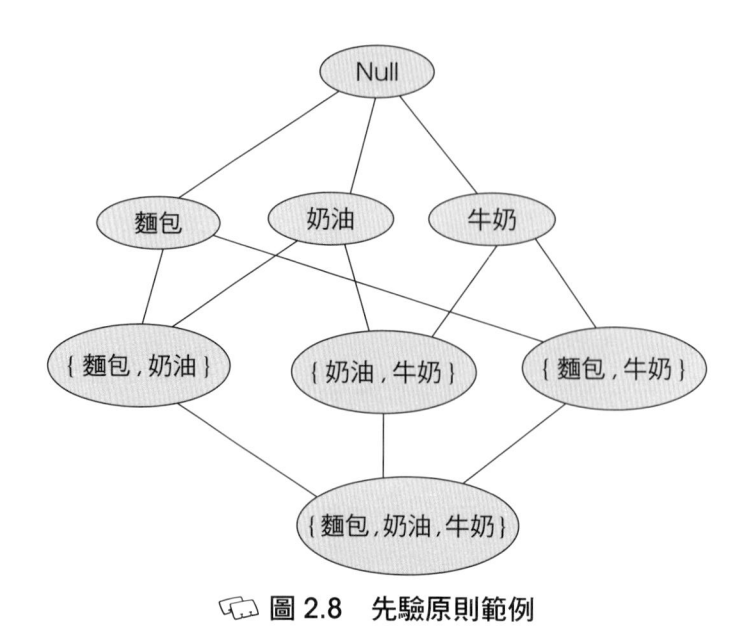

　　例如：如果在交易中包含 { 麵包 , 奶油 , 牛奶 }，那麼它的所有子集，即 { 麵包 }、{ 奶油 }、{ 牛奶 }、{ 麵包 , 奶油 }、{ 奶油 , 牛奶 }、{ 麵包 , 牛奶 }，也都會出現在該交易中。因此，給定集合的所有子集也都是頻繁項目集。

　　相反地，如果一個項目集是不頻繁的，則它的所有母集都必須是不頻繁的。

使用先驗演算法 (Apriori algorithm) 生成頻繁項目集

　　我們假設閾值支持計數為 2，相當於 40%。

STEP 1:1　頻繁項目集

項目	計數
麵包	5
奶油	2
雞蛋	3
牛奶	3
起司	2
白糖	1

在此步驟中，每個項目都會被考慮。我們會捨棄不滿足最小支持計數的項目，例如：{白糖}將在下一步的計算中被捨棄。

STEP 2:2　頻繁項目集

項目	計數
{麵包, 奶油}	2
{麵包, 雞蛋}	3
{麵包, 牛奶}	3
{麵包, 起司}	2
{奶油, 雞蛋}	1
{奶油, 牛奶}	1
{奶油, 起司}	1
{雞蛋, 牛奶}	2
{雞蛋, 起司}	1
{牛奶, 起司}	0

可能的候選 2 項目集之數量為 $\binom{5}{2}$，即 10 個。我們發現在這 10 個候選項目集中，有 5 個是頻繁的。

我們發現在 6 個候選項目集中，只有 1 個是頻繁的。因此，{麵包, 雞蛋, 牛奶} 是頻繁的候選 3 項目集。

📝 STEP 3:3　頻繁項目集

項目	計數
{麵包, 奶油, 雞蛋}	1
{麵包, 奶油, 牛奶}	1
{麵包, 奶油, 起司}	1
{麵包, 雞蛋, 牛奶}	2
{麵包, 雞蛋, 起司}	1
{麵包, 牛奶, 起司}	0

生成頻繁項目集的演算法步驟

STEP 1：查找每個項目的支持計數，演算法需要對資料集進行額外的查閱。

STEP 2：找到所有頻繁的 1 項目集，淘汰所有支持計數小於最小支持閾值的候選項目集。

STEP 3：使用前一步生成的頻繁 (k-1) 項目集，迭代生成 k 項目集；可以使用簡單的「join」操作來生成候選項目集。

STEP 4：當不再生成新的頻繁項目集時停止。

關聯規則生成

本節詳細說明如何從一組頻繁項目集中有效提取關聯規則。使用上述資料集和頻繁項目集生成演算法，得到 {麵包, 雞蛋, 牛奶} 為頻繁的 3 項目集。

因此，可能的關聯規則如下：

$$麵包, 雞蛋 \rightarrow 牛奶$$
$$麵包, 牛奶 \rightarrow 雞蛋$$
$$雞蛋, 牛奶 \rightarrow 麵包$$
$$麵包 \rightarrow 雞蛋, 牛奶$$
$$雞蛋 \rightarrow 麵包, 牛奶$$
$$牛奶 \rightarrow 麵包, 雞蛋$$

這些生成的候選集應滿足最小支持度值和信賴度值，{雞蛋} → {麵包, 牛奶}此規則的信賴度是使用支持計數{麵包, 牛奶, 雞蛋}/支持計數{雞蛋}計算出來的。

先驗演算法的優點和缺點

先驗是生成頻繁項目集中最受歡迎和有效的演算法之一，先驗原則雖減少了搜索空間，但由於需要對交易資料集進行大量查閱，所以該演算法仍然存在 I/O 成本。因此，在處理大型資料集時，效能可能會下降。為了應對這個問題，出現了各種演算法，例如：頻繁模式增長 (Frequent Pattern Growth)，它能利用雜湊機制 (hashing mechanism) 來減少查閱的次數。

應用領域

關聯規則被應用在各種領域中，如資訊檢索、文本探勘、網路資料探勘、網絡入侵檢測和生物信息學；關聯規則也被用於不同的探勘任務，如分類和聚類。

2.6.2　單純貝氏分類器

單純貝式分類器 (Naïve Bayes) 是最流行的監督式機器學習方法之一，

它是一個機率分類器，藉由貝氏定理 (Bayes theorem) 得出所涉及的變量間之獨立性假設。它在相對少量的訓練數據中表現良好，通常被用於文本分類、郵件分類和資訊過濾中。現在，讓我們從貝氏定理開始介紹。

貝氏定理是用於計算假設成立的事後機率 (posterior probability)，這種假設的計算是基於以下三個方面：(1) 事前機率，也就是已知的機率值；(2) 在考慮假設的情況下，觀察到各種數據樣本的機率；(3) 在不知道或不考慮假設的情況下，觀察到的數據機率。

考慮 $P(h)$ 為假設成立的初始機率，這代表在訓練資料集可用之前，$P(h)$ 是假設 h 是正確的背景知識。

$P(d)$ 代表 d（訓練數據）的機率，這不涉及假設 h 的相關資訊。

$P(d \mid h)$ 代表在給定某個假設 h 的情況下觀察 d 的機率（給定 h 的情況下 d 的機率）。

$P(h \mid d)$ 代表在給定訓練數據 d 的情況下假設 h 成立的機率，也稱為假設 h 的事後機率（給定 d 的情況下 h 的機率）。

計算事後機率的公式如下：

$$P(h \mid d) \frac{P(d \mid h) \times P(h)}{P(d)}$$

既然它是屬於監督式學習的範疇，基本上就是在嘗試預測類別。因此當我們在進行預測時，這裡的假設即代表數據將屬於的類別。

讓我們以一個簡單的範例來理解這個概念。假設你需要預測球員 X 被選入球隊的機率，這裡假設 h 的類別為「是」(Y) 或「否」(N)。所以，對於球員 X，我們打算找出「他／她被選入球隊的機率是多少」，這就是事後機率：$P(h \mid d)$，其中 $h = Y/N$。

讓我們以另一個範例來詳細演示分類是如何工作的。假設有三組類別：教學助理 (TA)、研究助理 (RA) 和其他。

以下表 2.2 為訓練數據樣本，展示了學生的所屬類別：

表 2.2　訓練資料集

類別	論文發表 (P/S/N)	課外活動 (P/NP)	體育競賽 (I/N/NP)
TA	Nil	已參加 (P)	國際性 (I)
RA	已發表 (P)	未參加 (NP)	全國性 (N)
TA	已投稿 (S)	已參加 (P)	全國性 (N)
TA	已發表 (P)	未參加 (NP)	未參加 (NP)
RA	已投稿 (S)	未參加 (NP)	國際性 (I)
RA	已投稿 (S)	已參加 (P)	國際性 (I)
RA	已發表 (P)	未參加 (NP)	未參加 (NP)
RA	已投稿 (S)	已參加 (P)	未參加 (NP)
TA	已投稿 (S)	未參加 (NP)	未參加 (NP)

對於這一共九個案例的可用數據，讓我們來建立一個機率表。表 2.3 單純統計了訓練資料中值的出現次數，例如：在「論文發表」欄位下，我們放入了兩個類別：TA 和 RA。在 TA 的 P（published class，發表類別）中，值為 1，表示只有一個樣本屬於 TA 類別並發表了論文，接著以同樣的方式填上其他值。

表 2.3　每個屬性對應於類別的出現次數

論文發表			課外活動			體育競賽			類別	
–	TA	RA	–	TA	RA	–	TA	RA	TA	RA
P	1	2	P	2	2	I	1	2	4	5
S	2	3	NP	2	3	N	1	1	–	–
N	1	0	–	–	–	NP	2	2	–	–

現在，讓我們計算機率值：

表 2.4　機率值計算

論文發表			課外活動			體育競賽			類別	
-	TA	RA	-	TA	RA	-	TA	RA	TA	RA
P	1/4	2/5	P	2/4	2/5	I	1/4	2/5	4/9	5/9
S	2/4	3/5	NP	2/4	3/5	N	1/4	1/5	-	-
N	1/4	0/5	-	-	-	NP	2/4	2/5	-	-

這些值代表了什麼？

讓我們以「論文發表」、「TA」欄和「已發表」(P) 列的值為例，該值為 1/4。這個 1/4 告訴我們機率 P（論文發表 = 已發表 | TA 類別），即在 TA 類別中論文被發表的機率，這是 $P(d \mid h)$。

同樣地，其他值也是根據相同的計算方式得出的。

那麼 $P(h)$ 是什麼？$P(TA) = 4/9$，$P(RA) = 5/9$。由於沒有 d 的相關資訊，因此這個因子被忽略。

現在，假設有一個未知的樣本 X，具有以下的值：

論文發表 = 已發表，課外活動 = 已參加，體育競賽 = 全國性

那麼它被分類為 TA 類別或 RA 類別的機率是多少？

讓我們來進行計算：

$P(TA \mid X) = P$（論文發表 = 已發表 | TA）$* P$（課外活動 = 已參加 | TA）$* P$（體育競賽 = 全國性 | TA）$* P(TA)$

$= 1/4 * 2/4 * 1/4 * 4/9 = 0.25 * 0.5 * 0.25 * 0.44 = 0.01375$

同樣地，我們計算

$P(RA|X) = P$（論文發表 = 已發表 | RA）$* P$（課外活動 = 已參加 | RA）$* P$（S 體育競賽 = 全國性 | RA）$* P(RA)$
= 2/5 * 2/5 * 1/5 * 5/9 = 0.4 * 0.4 * 0.2 * 0.55 = 0.0176

RA 的機率較高，因此它被分類為 RA 類別。

這是一個能夠幫助理解此方法是如何運作的簡單案例，在這裡使用的值是分類數值。這種方法也可以處理連續數值，但若是這種情況會使用高斯分布 (Gaussian distribution)。

提問

1. **如果值為 0 會怎麼樣？** 就像上面的例子中，RA 和沒有發表論文的值為 0，在這種情況下，會使用一種稱為平滑化 (smoothing) 的技術，0 值可以藉由參考額外的數據樣本轉換為非 0 值。
2. **單純貝氏分類器是否能確實給出正確的輸出？** 即使已知數據樣本的機率值很低，單純貝氏分類器也能提供良好的分類結果。儘管另有許多分類器的性能優於單純貝氏分類器，但它因為計算成本相對較低而廣受歡迎。

監督式學習方法除了上述之外，還有其他許多如 SVM、決策樹、整合方法、神經網絡等。

2.6.3　*k*-means 聚類

前一節中，我們談到了監督式方法，而在本節我們將討論一種最簡單的非監督式方法，稱作 *k*-means。

非監督式方法有著各種不同的類別，如基於分區、基於層次、基於密度或基於網格 (grid) 等，而 *k*-means 是屬於基於分區的方法。現在讓我們來了解 *k*-means 的工作原理。

- **未標籤資料**：類別未知的數據，該方法利用對象之間的相似性，將它們分為不同的群組，並對它們進行分區。這裡最常用的「距離」(distance) 規則是歐幾里得距離 (Euclidean distance)。

k-means 是如何執行的？讓我們來了解這個演算法：

1. 輸入：
   (1) 資料點 (data point)
   (2) 聚類數 = k
2. 從給定的數據點中，隨機選擇 k 個中心點或種子點。
3. 對於每個數據點 x：
   (1) 計算 x 與中心點之間的距離。
   (2) 將該點分配給最近的中心點（即分配至該中心點代表的聚類）。
4. 設置聚類中心的新位置，該新位置為分配至該聚類所有數據點的平均值。
5. 重複執行步驟 3 和步驟 4，直到收斂。

根據以上所討論的演算法，它會收斂即表示在後續的迭代中，數據點不會從一個聚類移動到另一個聚類。

k-means 是一種旨在最小化聚類內數據對象之間距離的技術，儘管該方法有著相當廣泛的應用，但需要準確選擇 k 值。k 值若選擇不當將影響效能，有多種方法可用於進行此選擇，而其中一種方法是使用不同的 k 值進行實驗，然後最終選定使錯誤最小化的聚類數量（k 值）。此外，該方法還面臨著對初始中心點選擇的依賴性問題，因為收斂係數將會取決於此中心點的選擇。

所以，已經有許多的改進方法被提出，其中一種最常見的改良方法是 k-medoids。

> **個案研究：將數據轉化為商業價值**
>
> Satish Gandhi 先生曾經收集不同批次的鷹嘴豆，並對這些批次進行分析以記錄這些鷹嘴豆的不同特性，包括鷹嘴豆的大小、表皮厚度、突起的數量、平均重量、表皮顏色等。他持續進行研究，不斷記錄參數，並發現了一些新的參數種類。經由數據的不斷增加，積累了越來越多的特徵。在 2010 年，他決定有系統地探勘這些數據，對這些數據進行分類並應用於品質控制。他使用整合分類器 (ensemble classifier) 來對這些數據進行分類，為此，他進行了非常謹慎的特徵選擇工作，選擇了 35 個最重要的特徵來分類鷹嘴豆。在這個過程中，他也對特徵進行了一些調整，並仔細權衡了所有特徵。最終，透過他的努力以及應用粗糙集合理論 (rough set theory) 和整合機器學習，他將鷹嘴豆分成了 4 個等級，第一等級是最優質的，可以在一個週期內獲得最優質的產出。其他等級分別是：二等品、三等品和四等品。此種分類提高了整體輸出質量，並達到 99% 以上的準確率，幫助他簽下了大筆生意，如今他們將鷹嘴豆出口到 40 多個國家。他將數據轉化為商業價值，藉此提高產品質量和整體市場滲透率。
>
> （參考文獻：*Knowledge Innovation Strategy*, by Parag Kulkarni, Bloomsburry India）

2.7 網路爬蟲和資訊檢索

現在來探討網路爬蟲和資訊檢索 (Information Retrieval, IR) 方面。當我們需要取得資訊時，我們會使用搜尋引擎來尋找。網頁搜索的使用不斷增長，這觸發了對豐富網路內容進行有效搜索的需求。網頁搜索主要處理網頁文件的查找，而資訊檢索是用戶從大量的文本文件中提取所需的資訊，網頁搜索則是資訊檢索的應用。不過，要提取的資訊應與用戶所提出的查詢相關，對於給定的查詢我們會去計算「相關度分數」(relevance score)，此外，還會根據相關度分數進行排名。網頁搜索在現今的重要性已不言可喻，且無論是速度和提供相關內容方面都需要保持高度的品質與效率，因此在檢索系統中它主要正面臨以下挑戰：

- 管理龐大且不斷增長的網頁文件集合。
- 每日提供的用戶查詢量。
- 擴展搜索的應用，如廣告和推薦系統等。
- 現今電子商務的需求。

　　資訊檢索系統正在不斷嘗試透過索引和排名來應對這些問題。資料檢索系統 (data retrieval system) 適用於結構化的關聯式資料庫工作，而資訊檢索系統 (information retrieval system) 主要用於處理非結構化數據的自然語言文本；資料檢索系統與資訊檢索系統的另一個區別是，資料檢索系統為資料庫系統的用戶找到解決方案，而資訊檢索系統則是尋找特定主題或主題相關信息檢索的解決方案。

　　資訊檢索系統的簡單架構如圖 2.9 所示，可藉此了解其運作方式。系統始於透過網路爬蟲收集的一組網頁文件，這些文件集合儲存在文件儲存庫中。為了實現快速檢索和搜索，文件被建立了索引，用戶提供輸入查詢以搜索所需資訊，查詢被解析並處理，與建立索引的文件集合進行比對，然後檢索文件。最後，文件被排名，並回傳排名前幾位的文件。

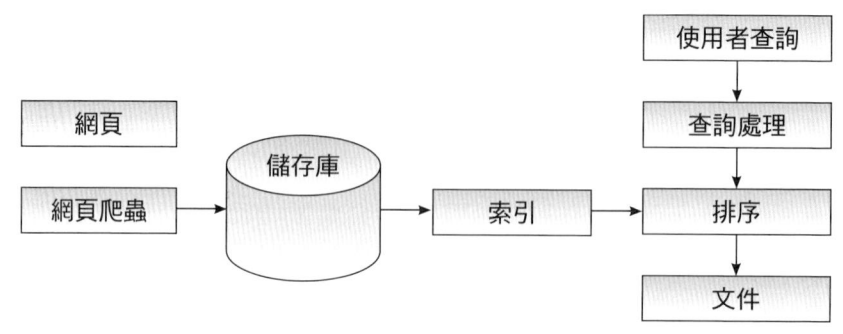

圖 2.9　資訊檢索系統架構

我們用數學方式來表示：

$$讓系統\ S = \{D, q, \text{Ranking function}, O\}$$

其中「Ranking function」代表排名函數，D 是網頁文件的集合，表示為：

$$D=\sum_{i=1}^{n}d_i$$

每個文件都是由 d_i 所代表的詞彙集合組成：

$$d_i=\sum_{j=1}^{m}t_{ij}$$

輸入查詢 q 是由查詢詞彙 q_i 集合組成的：

$$q=\sum_{i=1}^{t}q_i$$

O 是排名文件的輸出列表。

排名函數將查詢 q 對應到文件集合 D。

$$F（排名函數）：q \in D\ 且\ O \in D。$$

這就是資訊檢索系統的運作方式，我們接下來將詳細討論網頁爬蟲。

2.7.1　網路爬蟲

網路爬蟲是資訊檢索架構中的第一個元件，簡單來說，網路爬蟲是指從網路上收集網頁，以便進行排名。網路爬蟲的目標是有效地收集網頁，但在此過程中，爬蟲需要確保已經建立的連結有被維護和保留，它們通常也被稱為「蜘蛛」或「機器人」。

這是個簡單基本的演算法，它以種子 URL 網址作為輸入，爬蟲下載所有由網址所指定的網頁，並且提取頁面中包含的所有超連結以及下載這些網頁。

網路爬蟲正面臨以下挑戰：

- 龐大且不斷增長的網頁集合，導致收集過程變得複雜。
- 隨著網路數據的增長，選擇有用的網站或爬取過程的優先順序變得越發複雜。
- 檢測和處理具有誤導性的網站是爬蟲經常遇到的困難處。

讓我們來看看網路爬蟲的架構。圖 2.10 顯示了基本的網路爬蟲架構，然而，這種爬蟲一次只能提取一頁，透過使用多個線程 (multiple threads) 或行程 (processes)，可以提高爬蟲的效率。

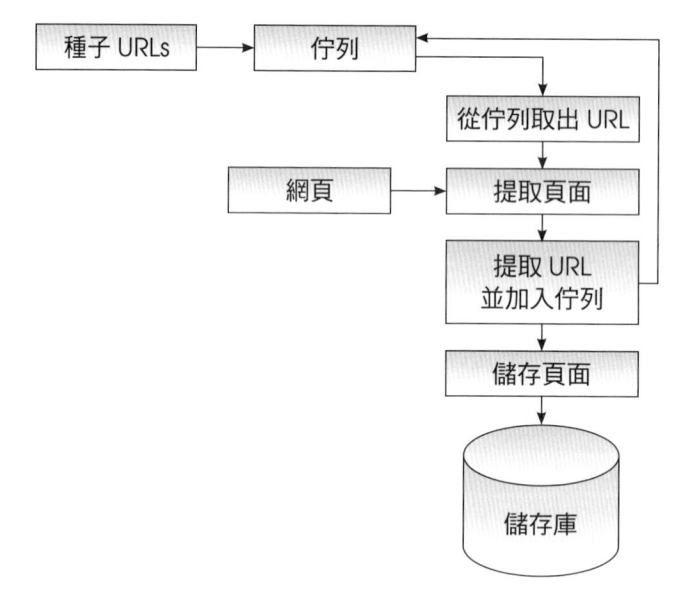

圖 2.10 爬蟲架構

讓我們來討論網路爬蟲的工作原理。主記憶體使用佇列資料結構 (queue data structure) 來保存未訪問網頁的 URL，種子 URL 是由用戶指定的未訪問 URL 之集合。網路爬蟲從佇列中取出 URL，提取網頁內容，並解析網頁以提取其中的新 URL，且將新的 URL 添加到佇列中。它將檢索到的網頁儲存在本地儲存庫中。爬取過程將持續直到佇列為空或被強制停止。

網路爬蟲可透過使用分散式爬蟲以提高吞吐量，分散式爬蟲透過劃分 URL 網址空間來完成，因此網站可被區分為多個 URL 網址空間來處理。

網路爬蟲也可以用於執行增量式爬取，以探索新發現的頁面並重新收集以前爬取的頁面。為了實現此目標，需要對資料結構進行更改，例如：對訪問過的 URL 進行優先排序，並監控網頁的時間行為 (temporal behaviour)。

2.8　推薦系統

推薦系統 (Recommender Systems, RS) 是資料探勘的一個重要特色，這些系統被視為「資訊過濾」的一個子主題，它們傾向於預測偏好並進行推薦。根據所擁有的知識，它們能夠合理地生成和建議適當的輸出，這些系統透過大幅減少搜索和導航的工作來協助使用者做出選擇。

它們使用資料探勘技術，根據用戶的行為和特徵來提供推薦。推薦系統可以使用分類、聚類、甚至關聯規則探勘 (association rule mining) 來呈現它們的輸出，其中最常用的技術是關聯規則。推薦系統大致有三種類型，包括：

- 基於規則的。
- 基於內容的。
- 協同的。

基於規則的系統使用傳統的過濾 (filtering) 技術，它們執行典型的資訊搜索並擷取建議的輸出。

基於內容的技術是以用戶過去的喜好運作，因此，用戶資料 (user profiling) 被納入考慮。這裡所引用項目的表示方法是基於關鍵詞的，但該系統存在許多缺點：

1. 這種表示方法無法處理所有對象。
2. 也許無法正確地表示所有項目。
3. 在用戶購買多個物品或物件的情況下，它們無法正確處理。

協同式過濾 (collaborative filtering) 技術是現今受到廣泛關注的技術，這要歸功於社交網路的流行。這些推薦系統依賴並使用其他用戶對於對象的評級，它們會根據其他用戶的個人檔案來發現並識別可能會引起用戶興趣的對象，典型的例子就是在您的社交網頁上出現的推薦名單。儘管這種方法似乎具有建立強大推薦系統的潛力，但它也面臨著一些問題，具體說明如下：

1. 稀疏數據 (sparse data) 是這些推薦系統最主要的問題，它們常常面臨著「冷啟動」(cold start)，也就是當一位用戶提供了一個新出現的物品，並希望推薦系統提供其推薦時，由於之前的數據不足，可能導致推薦系統無效。這是由於只有極少數的用戶對它進行了評級，而這些資訊對於推薦系統運作來說是不足夠的。
2. 物品同義詞的使用也是提高推薦系統效率的一個主要障礙，這些系統可能會因此將相同的物品視為不同的物品，導致未能提供預期的結果。
3. 除了部分特定物品數據稀缺的問題，還會面臨到用戶和新物品的數據不斷增長，推薦系統需要應對這種增長。

4. 「灰羊」(gray sheep) 問題，指的是這些用戶的意見或評分不屬於任何一個群體，因此協同式推薦系統無法產生準確的決策。
5. 在協同過濾中還會出現一個非常有趣的問題，那就是「托攻擊」(shilling attack)。如下列這種情況：用戶傾向於對自己公司製造或相關的產品給予好評，或者產生某種影響，在這些情況下，他們可能對其他競爭對手給出負面評分。遇到這類情形，協同過濾就無法生成正確的推薦。

近期的研究表明，同時利用內容和協同技術的混合機制系統，在一定程度上可以解決冷啟動和稀疏數據的問題。

2.9　當前趨勢

資料探勘是知識探索的過程，透過分析大量數據並加工成有用的資訊來獲得知識。資料探勘的各項功能，無論是在商業、教育、醫療和科學等各種領域中，都能發揮極大的效用。而機器學習、人工智慧和圖形識別的應用則更加提升了它的重要性，圖 2.11 展示了資料探勘的當前趨勢。

資料探勘隨著應用領域的不同，而須根據不同的需求做出改變，其中包括：

1. 資料多樣性。
2. 計算能力和網路資源的進步。
3. 不同格式的數據。

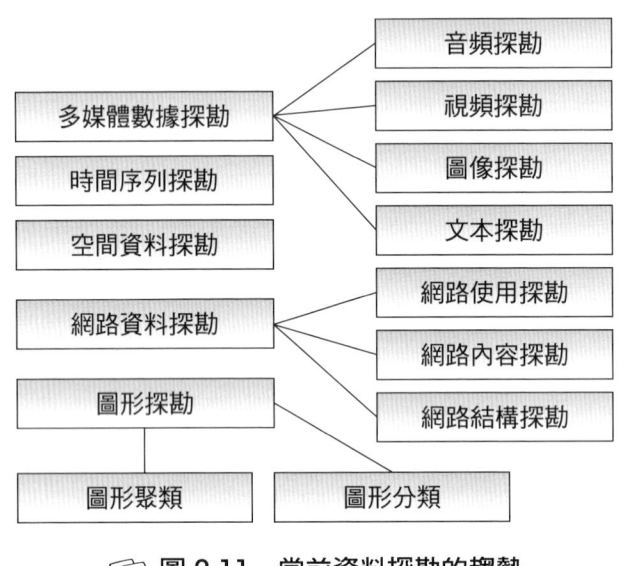

圖 2.11　當前資料探勘的趨勢

2.10　未來的發展方向

現在，讓我們了解資料探勘的未來發展方向。

分散式資料探勘

分散式資料探勘 (Distributed Data Mining, DDM) 的目標是有效地探勘分布在異質性站點的數據。這些站點可以包括位於不同資料庫中的生物信息、來自兩家不同公司資料庫的數據，或來自一家公司不同部門的數據分析，整合這些數據是一項昂貴且耗時的工作。

分散式資料探勘提供了不同於傳統分析的方法，它結合了本地數據分析和全域數據模型。

無所不在的資料探勘

筆記型電腦、掌上型電腦和手機的出現，使得對大量數據無所不在的存取成為可能，而對數據進行進階分析以提取有用知識是無所不在計算世界中的下一個步驟。無所不在的計算設備存取和分析數據帶來許多挑戰，這是由於通信、計算、安全性和其他因素，使得無所不在的資料探勘 (Ubiquitous Data Mining, UDM) 產生了額外成本。因此，UDM 的其中一個目標是在最小化且無所不在之成本環境下進行資料探勘。

結論

資料探勘是將來自不同格式和來源的原始數據轉化為有用的資訊和知識，由於大量數據以不同格式和來源出現，因此資料探勘需要執行數據聚合到數據分類等各種任務。

現今有許多不同的資料探勘模型，本章說明了幾種不同的資料探勘模型和類型，以及用於資料探勘的不同標準演算法。在後續章節中，我們將針對探勘非結構化數據的不同挑戰進行討論。

選擇題

1. 在一節課堂中,將攝像機在預定講座開始時和結束時拍攝學生的照片。要確定學生的出席情況,以下哪種方法最適合?

    (a) 監督式學習　(b) 聚類　(c) 關聯探勘　(d) 以上皆是　(e) 以上皆非

2. 以下何者是先驗演算法的缺點?

    (i) 支持度值計算耗時。

    (ii) 候選項生成的瓶頸會導致速度變慢。

    (iii) 大型的資料集會導致效能下降。

    (a) (i)　　　　(b) (i)、(ii)　　(c) (ii)、(iii)　　(d) 以上皆是

3. 單純貝氏分類器中的類別預測是由哪個值決定的?

    (a) 最大事後機率　　　　(b) 假設的最大值

    (c) 最大事前機率　　　　(d) 概似函數值 (likelihood value)

4. 以下關於單純貝氏分類器的敘述,哪個是正確的?

    (i) 可以新樣本增量更新事前機率和似然度。

    (ii) 適用於離散值和連續值。

    (iii) 條件獨立性假設。

    (a) (i)、(ii)　　(b) (ii)、(iii)　　(c) (iii)、(i)　　(d) 以上皆是

概念回顧題

1. 請描述資料探勘的階段以及知識探索在資料探勘中所扮演的角色。
2. 請說明關聯探勘和分類兩者的不同。
3. 請解釋先驗原則。
4. 請透過舉例解釋單純貝氏分類器。
5. 請解釋資訊檢索系統的架構。

批判性思考題

1. 關聯探勘是否可用於確定一位作者寫的小說是否會受讀者喜歡？
2. 如果您要選擇一所大學就讀，您會考慮使用何種機器學習方法來協助您進行選擇？並請加以說明。

實作題

1. 使用單純貝氏分類器來確定候選人在選舉中當選的可能性，並生成帶有屬性標籤的數據，例如：教育程度、政黨、參與社會服務的年資等。
2. 利用 k-means 聚類，假設適當的參數，將學生進行專題小組的分組。

大數據探勘
應用觀點

3

DR. SARANG JOSHI

隨著技術和市場的迅速增長，造成的大量交易產生了大數據。為了方便知識的探索，處理這些大數據在現今變得非常重要。傳統的 SQL 方法非常耗時，可能需要處理非常大的輸出表單，因此會導致知識探索的決策系統運行緩慢。為了克服這個問題，將資料探勘和大數據整合就成為一個關鍵的解決方案。本章在概念上討論了大數據的整合，以及資料探勘的方法和模式。其中的範例和插圖是使用 MongoDB，它是一個大數據的自由開源軟體衍生版本。

3.1 前言

「數據」(data) 一詞隨著關聯式資料庫管理系統 (Relational Database Management Systems, RDBMS) 的運用而為人熟知，結構化查詢語言 (Structured Query Language, SQL) 被廣泛用於執行多種資料庫操作基於欄 (column) 的結構化資訊，以帶有「WHERE」子句和表單連結 (JOINS) 的 SQL 查詢是常見的做法。由於其具有關聯性，大量數據只包含很少的字母數字欄是輸出顯示的特性，這個方法可用於搜索數據和產生報表。添加與 RDBMS 的相關功能，有助於產生基於數據或數據操作的決策。

隨著計算、儲存、GUI 和介面技術的迅速發展，數據範例變得更加包容不同格式的資訊，如圖像、視頻、部落格、推特以及多語言。例如：

每天的報紙包含著各種資訊，包括文字新聞、照片、圖片、廣告、漫畫等，這些都使用了不同的數據表示形式。而電子報的視覺化要求資料庫支援不同的媒體和格式要求，這樣的需求催生了舊概念的重新啟用，即大數據。編程語言，如結構化查詢語言，也被修訂成 NoSQL(Not Only SQL)。大數據透過分而治之 (divide-and-conquer)，將數據進行有意義的細分，以得到更佳的時間和空間複雜性。大數據具有以下幾種特徵，傳統的關聯資料庫系統無法應對或對其反應不佳。

- 數據的大小為 5 PB(Petabytes) 及以上，通常即被視為大數據。
- 數據被收集或聚集的速度非常快，通常資料聚集 (data crowding) 現象會發生在社交網站上，如 Twitter 和 Facebook，透過多個用戶對 Twitter 推文或 Facebook 訊息的回覆、留言所產生。另還有基於時間的資料收集系統，如溫度監測系統和閉路電視安全系統。
- 使用的媒體差異，例如：在 Twitter 和 Facebook 等社交網站上發生的數據聚集情形，是由多個用戶使用文本訊息、視頻、音頻訊息等進行留言。另外，像是 RFID 和類似的感測器網路等設備引起的數據聚集，也可能產生大數據。
- 與關聯式資料庫生成的欄位輸出相比，大數據可以生成文字欄位、數值、圖形、圖像、音頻、視頻、部落格和推特等結果。

　　大數據是結構化、半結構化或非結構化數據的總稱，而不僅僅是關聯式資料庫所使用的結構化數據。

- 大數據有助於從非常龐大的非結構化數據中進行知識探索，也被稱為大數據探勘，而傳統的資料探勘則是對特定的指定對象進行知識探索。
- 大數據是透過對數據進行大規模細分，以獲取有意義的結果。

3.2 大數據探勘

資料探勘代表從儲存的大量數據中探索特殊細節和模式的術語，換句話說，這是一個知識探索過程，任何探索過程通常都會經歷多個步驟，包括原始資料的清理、排序或分類、處理以識別數據或發現數據、保護和安全性，以及儲存。

知識的發現意味著使用數據屬性，以直接或間接的方式來進行應用，以便將所需的數據變為可見的處理過程。大多數情況下，具有直接可見性的數據會應用新的維度或與屬性和行為相關的公式，因此可以進行分類，從而可能導致知識發現。所有這些情況都是資料探勘的候選案例。具有大容量、高速度和多變異性特質的大數據，在知識探索上有廣泛的挑戰。商業智慧 (business intelligence) 是最好的例子，其在很大程度上依賴於對大數據的知識探索。

圖 3.1 為啟動 MongoDB 服務的畫面，使用 MongoDB 所創建的大數據可以透過使用文字、圖像、音頻、視頻、數字和類似的數據集或項目集，進行多維數據的各種分析；圖 3.2 和圖 3.3 則示範了創建資料庫。

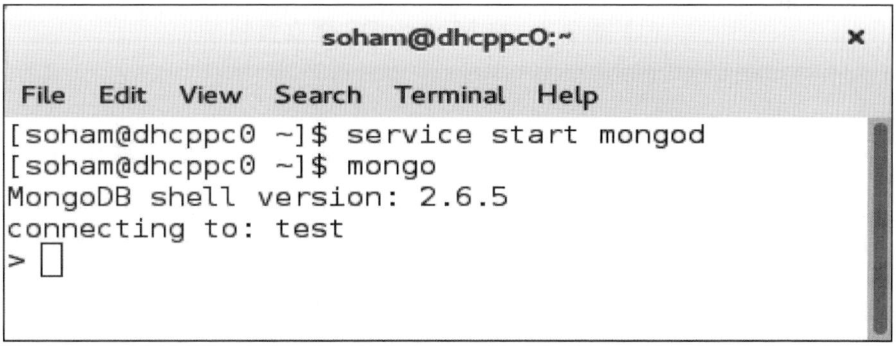
soham@dhcppc0:~
File Edit View Search Terminal Help
[soham@dhcppc0 ~]$ service start mongod
[soham@dhcppc0 ~]$ mongo
MongoDB shell version: 2.6.5
connecting to: test
>

圖 3.1 MongoDB 服務啟動

```
soham@dhcppc0:~
File Edit View Search Terminal Help
[soham@dhcppc0 ~]$ service start mongod
[soham@dhcppc0 ~]$ mongo
MongoDB shell version: 2.6.5
connecting to: test
> use Cust_data
switched to db Cust_data
> db
Cust_data
```

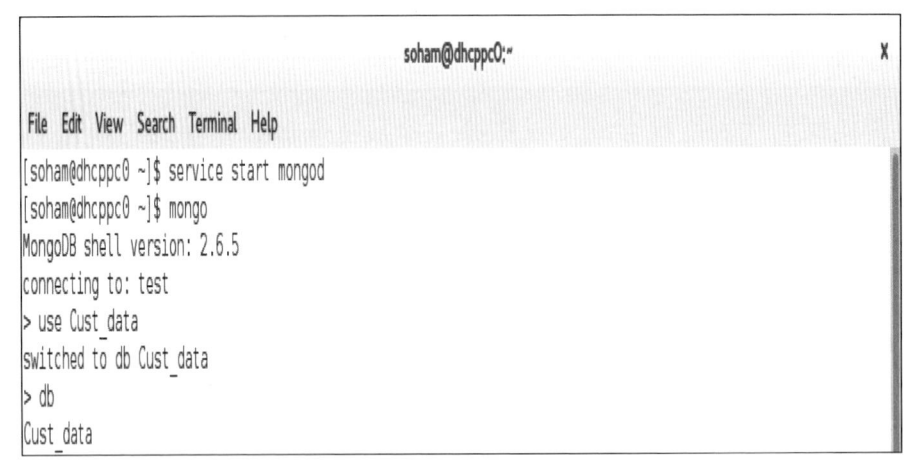

圖 3.2　MongoDB 使用資料庫

```
> db.Cust_data.insert({"Name":"Cust Name","SocialWebSite":"FacesBook","LoG":"AccessTDate"})
WriteResult({ "nInserted" : 1 })
> db.Cust_data.find()
{ "_id" : ObjectId("5484124f8c741daeba549f2f"), "Name" : "Cust Name", "SocialWebSite" : "FacesBook", "LoG" : "AccessTDate" }
>
```

圖 3.3　在 MongoDB 建立資料

　　MongoDB 是一個具有儲存能力的大數據，除了文本和數字外，還可以儲存多媒體物件，如圖 3.4 所示。

　　大數據具有快速儲存大量數據，並支援各種數據類型的能力，而大量 (volume)、高速 (velocity) 和多樣性 (variant) 資料型態這三個特點讓資料探勘更富價值，知識生成和利用這些衍生知識是資料探勘的關鍵特色。資料庫中所接收到的原始數據，需要根據我們所預期的目標先進行清理。

CHAPTER 3　大數據探勘──應用觀點

```
[root@dhcppc0 soham]# mongofiles -d database put /Home/soham/Music/rec.amr
connected to: 127.0.0.1
assertion: 10012 file doesn't exist
[root@dhcppc0 soham]# mongofiles -d database put rec.amr
connected to: 127.0.0.1
added file: { _id: ObjectId('54893138cd8fd60c3b002707'), filename: "rec.amr", ch
unkSize: 261120, uploadDate: new Date(1418277176729), md5: "be7c91ca0d7b6ba0e47e
a9a4c9be2665", length: 8998 }
done!
[root@dhcppc0 soham]# history >> mongo_multimedia
[root@dhcppc0 soham]# mongo
MongoDB shell version: 2.6.5
connecting to: test
> use database
switched to db database
> db.database.find().pretty()
> db.database.find()
> exit
bye
[root@dhcppc0 soham]# mongofiles -d database get rec.amr
connected to: 127.0.0.1
done write to: rec.amr
[root@dhcppc0 soham]# mongofiles -d database get 1.png
connected to: 127.0.0.1
done write to: 1.png
[root@dhcppc0 soham]#
```

圖 3.4　儲存聲音和圖像檔案至 MongoDB

3.2.1　資料清理

　　資料清理是一個接收原始資料的過程，這些資料含有大量雜質和其他與查詢目標相關的冗餘資料。原始資料的儲存可能會因為雜質和冗餘資料占用儲存空間，進而產生額外的成本開銷。原始資料可能包括冗餘、不一致、錯誤或雜訊，以及不完整的資料，資料清理過程會識別這些冗餘和有缺陷的資料，從而提高資料的質量。例如：在資料清理過程中可以辨識出資料輸入錯誤。大數據的主要特點是數量龐大，像 IBM 的 SPSS 和 Stata（統計／資料分析）這樣的工具就可用於清理、排序和連接大數據，資料可以在分散式並行環境中進行細分和處理，也可以提高時間效率。

　　資料的質量可以透過完整性、精確性、一致性、時間相對性、可信賴性和資料的可解釋性等參數進行評估。資料的精確性、一致性和完整性主要取決於避免人為錯誤，如資料輸入錯誤和大數據輸入設備的誤差。人們容易忽略完成所有必要的資料欄位，而依賴預設欄位值，也被稱為偽裝的缺失數據和資料輸入的錯誤解釋，可能會導致錯誤和冗餘情形。由於取得資料的數量和速度通常與時間相關，因此若以高速獲取大量資料，可能導致產生大量冗餘資料，因此大數據清理是一項具有挑戰性的任務。

資料的時間相對性是資料冗餘的另一個重要原因，例如：由於各種人為因素造成無法及時輸入每月銷售或學生出勤等數據，導致在沒有完整數據的情況下執行流程，將形成龐大的冗餘數據。對於可信數據的資料清理演算法，也就是使用如數據模板、閾值、均值和方差的計算等技術，以可信的資料進行測試，來找出品質可接受的資料。不可信的數據可能會產生錯誤或誤導的解釋，影響業務決策或造成損失。因此，資料清理是非常重要的步驟，因為若沒有資料清理，將產生大量的數據垃圾，從而影響時間和空間效率。

資料縮減是另一種識別大數據中冗餘數據更聰明的方法，這種縮減後的數據，其效能與實際數據非常接近，甚至完全相等；換句話說，即使數據有所減少，也能保持數據的效率。資料縮減可以透過維度縮減或數量縮減來完成，通常，圖像和影像數據都是使用這兩種技術。由於大數據的多樣性是其特點之一，因此創建資料結構標頭以說明數據是如何完成縮減就變得非常重要，資料縮減使得數據具有可轉移性並且輕量化。

維度縮減方法使用數據編碼技術來減少或壓縮經過清理的數據，離散餘弦轉換 (Discrete Cosine Transform, DCT)、運行長度編碼 (Run Length Encoding, RLE)，或者一般的主成分分析 (Principal Component Analysis, PCA)、小波轉換 (wavelet transform)，都是用於大數據維度縮減的有效方法之一。此外，小型屬性聚類使用屬性構建方法形成，而屬性子集方法則識別屬性的優先順序，動態選擇要刪除的冗餘屬性。

數量減少方法使用參數模型等技術，將數據替換為小型、輕量化數據，包括迴歸或共線 (colinear) 模型。其他技術還有無母數模型 (non-parametric model)，如抽樣、直方圖、聚類或資料聚合等。

3.2.2 數據的排序和分類

由於大數據的規模十分龐大，因此有效地儲存以便更快速、及時的檢索是非常重要的。數據可以進行排序，前提是必須要有如時間戳、字母順序的鍵值等可用的標準。多媒體資料是儲存在一個稱為「區塊」(chunk) 或「描述符」(descriptor) 的容器中。一個「chunk」通常儲存著大量且具有某些相似特性的數據，例如：來自不同資料擷取裝置（如錄音機、錄影機和其他裝置）的資料整合，這些多媒體資料可以被分類為不同的描述符區塊。所獲得的數據需要基於時間進行整合，因此區塊會與時間分段同步，必須以〈描述符大小，描述符名稱，標頭旗幟，資料〉之資料結構來組織這些數據區塊。非結構化數據可以保存在描述符區塊中，例如：來自 RfiD 的數據可置於〈RfiD〉區塊中，影像數據可置於〈Moov〉區塊中，JPEG 圖像數據可置於〈JPEG〉區塊中等。

3.2.3 數據的保護和安全性

通常，數據可以是個人資訊、與商務相關的資訊、與安全相關的資訊或公共領域資訊等。有些數據可能需要保有隱私，因此必須進行保護以防止非法的數據處理。例如：醫學檢查數據就是相當個人的隱私資訊；另外，個人撰寫的電子郵件也是一種私人資訊；而商務資料則需要保護數據的存取。安全性大多數時候是涉及隱私和保護，其中包含了儲存技術的使用、位置、數據的編碼／解碼、資料結構、訪問權限、訪問歷史等問題。對於日誌的資料探勘可以幫助理解訪問模式，以調查對數據隱私、保護和安全的威脅。

每個數據區塊都可以具備關於誰可以訪問它的保護功能，在標頭旗幟

(header flags) 中，可以設置保護和安全位元，一旦啟用了保護和安全位元，那麼相應的數據區塊就可以在其中添加安全描述符，並可根據數據的要求和敏感程度，提供不同類型的安全機制。

3.2.4　數據儲存技術

在技術市場上有著各種不同的儲存技術解決方案，如 Hadoop 分散式檔案系統 (Hadoop Distributed File System, HDFS)，就是全世界普遍用來儲存大數據的知名解決方案之一。一般而言，通常甲骨文公司 (Oracle enterprise) 大數據解決方案包括一系列開源和大數據軟體，如使用 Cloudera 整合帶有 Admin 管理器的 Apache Hadoop-CDH4、Oracle Manager、R 語言統計套件、Oracle NoSQL 社群版和 Oracle Enterprise Linux 操作系統與 Oracle Java VM 虛擬機器。

由於大數據體積龐大，需要在後端將其儲存於多個資料庫、資料立方體和文件中，然後在前端進行整合應用。典型的開源大數據工具如 MongoDB 可用於儲存多樣性的數據，包括數字、字串、圖像和影像。它可以與 Python (pymongo)、Java 等語法技術對接，另外也支援商業科技。

資料探勘技術和大數據整合可以利用大數據產生眾多具挑戰性的應用，主題導向、時變的數據儲存，也被稱為資料倉儲 (data warehouse)，可以利用資料探勘技術，在儲存組織和能源相關性能分析工具的研究應用中發揮作用。線上分析處理 (Online Analytical Processing, OLAP) 是可以整合於資料倉儲三層式架構中間層的另一種技術，OLAP 可以是關聯式 OLAP，也可以是多維 OLAP 或混合 OLAP。大數據與資料探勘技術可以整合資料倉儲和資料市集 (data marts)，並應用於多維模型。這些技術的核心是資料立方體 (data cuber)，它們是由大量事實與量測所組成的高維度資料，由使用者定義以用於儲存記錄。基於 OLAP 的資料探勘，被稱為 OLAM，是一種互動式和探索性資料探勘技術。

3.3 大數據資料探勘

大數據中的資料探勘,可以說是在某個數量非常龐大、具多樣性且數據收集速度極高的東西中尋找非常小的目標。如果用天文學來比喻,就好比在宇宙中要收集類似地球的行星。宇宙就是一個大數據,而類似地球的行星非常微小,並具有特定生態環境特徵的資訊。宇宙中包含塵埃、蒸氣、小行星、恆星、行星、彗星、黑洞、超新星和其他未知物質,並以此形成了多樣性,這些資訊數據含有數萬億條紀錄,而且是非結構化數據。另外,還有如構建一份電子報或部落格,電子報或部落格可能需要包括圖片、剪輯影片、剪輯音頻以記錄意見或評論、動畫、不同背景下的文字、基於與內容相關的情感和上下文的字體、顏色等,這些都是非結構化數據。選擇與主內容相關的上下文相關資訊需要進行探勘,而不僅僅是搜索,才得以對部落格或電子報具備有效性。

3.3.1 使用圖形分析對大數據進行資料探勘

現在讓我們以根據部落格或 Facebook 朋友進行的頁面推薦為例,我們獲得的推薦是,訪問該部落格文章的訪客,還訪問了該部落格上的另一篇「xyz」文章,或者訪問了該 Facebook 頁面的人,也訪問了 Facebook 的「abc」頁面,這是探勘訪問模式的一個例子。資料探勘可以透過頻繁模式 (frequent pattern) 的幫助進行,從而發現資料集中項目之間的聯繫和相關性。消費者購物模式是模式分析的最佳例子,假設購買高畫質電視 (HDTV) 的人也會購買電視頻道的衛星接收器,這建立了高畫質電視和衛星電視頻道項目集之間的聯繫,發現這些聯繫可以導引出更好的營銷策略,從而為企業帶來更多利潤。

關聯規則:{ 高畫質電視 → 衛星電視頻道 | 支持度 = 10%, 信賴度 = 60%}

(3.1)

以上的關聯規則發現，大多數購買了高畫質電視的顧客，也購買了衛星電視頻道，其百分比為總購買數量的 60%；同時，在所有交易購買中，有 10% 的交易與此種購買模式相關聯。

大數據介面以虛擬視圖向顧客清楚地展示了產品以供選擇，例如：高畫質電視的照片、360 度全景視圖、外觀顏色、詳細規格，以及在選定規格方面的產品比較分析，如高畫質電視的成本、螢幕解析度等。異質數據包括圖片、動畫、字串符、文本和數字，還有多媒體資料，都可以使用大數據進行儲存，透過構建運行時查詢，並將其作為調查參數，來滿足異質規格的需求。由顧客進行基於參數的大數據資料組合，最終將促使有利的商品交易，而資料探勘識別出顧客使用的資料項目間之聯繫，進而獲得各產品之間關聯的支持度和信賴度，為商業策略的設計提供有價值的幫助。

設 $C = \{c_1, c_2, ..., c_n\}$ 為高畫質電視 (H) 機身顏色的集合；因此，顏色可以有 nC_1 種方式進行選擇。設 V 為高畫質電視 360 度全景視圖的集合，$D = \{d_0, d_1, ..., d_m\}$ 為衛星電視頻道的方案，顧客可以使用 360 度全景視圖來選擇機身的顏色。現在，我們可以透過條件機率 $P(H/c_i)$ 來獲取支持度和信賴度，給定高畫質電視來尋找機身顏色的選擇。同樣的，由於 $H \rightarrow D$，我們有

$$\begin{aligned} \text{支持度 } (H \rightarrow D) &= P(H \cup D) \\ \text{信賴度 } (H \rightarrow D) &= P(D/H) \end{aligned} \quad (3.2)$$

因此，可透過觀察顧客對高畫質電視的機身顏色和衛星電視頻道方案的選擇，來協助設計業務成長計畫、訂購策略和組合優惠，如表 3.1 所示。

在表 3.1 中，選擇高畫質電視並選擇了衛星電視頻道方案的人，挑選了方案 (d_i)。表 3.1 第一列，4% 的支持度表示購買了高畫質電視和一般頻道方案的人，也會同時購買衛星電視頻道方案。此外，所有交易的 40% 選擇了衛星電視頻道方案。

CHAPTER 3　大數據探勘──應用觀點

表 3.1　透過大數據探勘的知識探索

項目資料集關聯		知識探索	
高畫質電視（H/C_i）	衛星頻道方案（D）	支持度	信賴度
H/C_0	d_0	4%	40%
H/C_0	d_1	6%	70%
H/C_0	⋮	⋮	⋮
H/C_0	d_m	3%	53%
H/C_1	d_0	2%	55%
H/C_1	d_1	5%	71%
H/C_1	⋮	⋮	⋮
H/C_1	d_m	3%	45%
⋮	⋮	⋮	⋮
H/C_n	d_0	4%	42%
H/C_n	d_1	8%	79%
H/C_n	⋮	⋮	⋮
H/C_n	d_m	3%	51%

　　大數據探勘能夠擴展至更多的應用，進一步的解釋，研究如何透過使用報紙、電視網路等廣告，以及影片中的相關畫面或廣播的音源來制定決策。每個多媒體串流都具有不同的資料結構需求和不同的複雜性需求，傳統資料庫並不支援這樣的形式，但大數據是可以對其進行整合和支援的。

大數據在信賴度和支持度發展的貢獻

　　讓我們沿用購買高畫質電視的例子，但現在改為以線上應用程式進行說明。利用大數據並採用選擇 HIT 計數或訪問計數生成信賴度和支持度，提供 360 度全景視圖和虛擬頻道選項，以運行虛擬電影或電視節目預告片的應用。網路上已有這類應用，可以透過連接到網路的不同設備（例如：行動裝置、桌上型電腦等）進行存取，且非常多的 HIT 計數會在很短時間內生成大量數據，即可用組合所生成的模式種類與產生速度非常快；分析這些模式將有助於商業公司或賣家推估實行不同業務方案的信賴度和支持度。

可支援各種數據類型和資料流混合在一起的多樣性資料，乃是大數據的一個重要特徵，在高畫質電視的例子中，高畫質電視和頻道的規格是文字數據，360 度全景視圖和相關的虛擬化是多媒體數據，並有根據用戶所使用不同組合的 HIT 計數生成數字數據，這些都與信賴度和支持度相關聯。大數據支援多樣性、大容量和高速度的靈活性，使其成為知識生成中的一個重要工具。對資訊進行資料探勘，產出當前需求的知識，並根據需求生成模式，可以為企業取得成功。例如：用戶選擇的高畫質電視之機身顏色，可以為不同年齡組、性別之間的顏色選擇傾向提供資料探勘模式，這可能也會根據地區和其他參數而有所不同。大數據能夠利用有彈性的數據描述符整合多個資料流與多維數據，用於支援各種應用。

先驗演算法 (Apriori algorithms) 通常可用於 R. Agarwal 和 Shrikant 於 1994 年所提出的布林關聯規則識別頻繁模式。它的運作是基於先前所獲得的知識，令 $I = \{i_0, i_1, i_2, ... i_n\}$ 為商店出售的 n 項商品之集合，其中 i_1 為高畫質電視，i_2 為衛星天線。

方案 D 如方程式 3.2 和表 3.1 所述。A 為 a_0、a_1、a_2、a_3、a_4、...、a_n 所代表之物件關聯計數的交易矩陣，如表 3.2 所示。設 $A: a_i \rightarrow a_i$ 為交易集合 A 的子集，其在自身上的映射則表示為 1，其餘交易由計數 a_j 表示。可以使用方程式 3.1 和 3.2 計算支持度和信賴度。

CHAPTER 3　大數據探勘──應用觀點

表 3.2　物件間關聯交易矩陣

物件	i_0	i_1	i_2	...	i_n
j_0	1	a_1	a_2	a_3	a_4
j_1	a_5	1	a_7	a_8	a_9
j_2	a_{10}	a_{11}	1	a_{13}	a_{14}
⋮	⋮	⋮	⋮	⋮	⋮
j_n	a_{n-5}	a_{n-4}	a_{n-3}	a_{n-2}	1

項目集 I 由表 3.2 所構成，並測試支持度、信賴度以及單項購買，使得 $\forall i \in I$，其中 $a_i = 1$ 表示單項購買的支持度。當 $a_i \neq 1$ 時，表示那些購買第 i 項物品且購買了其他物品以組成項目集客戶的支持度。Apriori 算法假設，根據總購買量，頻繁項目的非空項目集或具有高 HIT 比率的項目也是頻繁的。這導致了對客戶所採用模式及客戶使用的相關資源之知識探索，這些知識有助於推導出項目集的形成，如下方程式所述。

$$f(xij) = \begin{cases} a_i = 0\text{；顯著支持度} \\ a_i = 1\text{；個別支持度} \end{cases} \tag{3.3}$$

大數據機會 (Big Data opportunities) 指的是可以在各方面進一步將資料庫細分，如調查、畫面按鈕點擊事件、聯絡電話等。例如：消費者在網頁中想要了解高畫質電視和衛星電視頻道選擇的組合，各種不同特徵組合的點擊率可用於確定最受消費者青睞的產品組合。

多階層先驗演算法處理

多階層先驗演算法 (Multi-level Apriori algorithm) 是在大數據中進行更準確知識探索的有效方法。大數據的特色之一是其規模以 PB (petabytes) 為單位，這導致知識探索面臨著挑戰。多階層先驗演算法可將知識探索分為多個階層，以取得所期望的知識，中間發現的知識可以在各階層之間共享。

　　現今大數據被創造用於知識探索，例如：在一家電賣場中，購買電腦的顧客有 80% 也可能會同時購買印表機；而如果購買了電腦總量 12% 的客戶中，有 71% 購買了雷射印表機，這可能就是個具有意義的資訊。這種知識發現需要多階層的資料探勘，假設這家賣場的交易資料庫有兩種關聯資訊：

- 銷售物品的描述，包括資料結構與一組屬性（如條碼、類別、品牌、價格）。
- 銷售交易的 ID 及售出商品百分比和數量的集合。

　　關聯規則的探勘過程目的，在於從使用的大數據中發現大型模式和頂層概念層面上的強關聯規則。若最小支持度設置為 5%，最小信賴度為 50%，則預期在第二階層的項目類別 = 高畫質電視，將產生非常龐大的資料庫表單。但若在第一階層搜索高畫質電視，在第二階層的銷售項目占比為 12%，在第三階層為雷射印表機，這樣在大數據上進行的多階層資料探勘會導致數據紀錄的減少。

頻繁模式的關聯規則

　　方程式 3.2 為對參考範圍中來自頻繁項目集的項目進行支持度和信賴度計算的方法，方程式 3.3 提供了交易 ID 和透過客戶購買獲得的支持度。因此，$\forall i \in I \sum a_i$ 給出了每個交易 ID 的關聯支持度。$\sum a_i / \text{Count}(i)$ 得出了客戶購買某項商品（比如 $b1$）後，也從項目集 I 中購買商品 $b2$ 的信賴度。因此，可以從頻繁模式中形成關聯規則，以獲得更好的結果。

　　關聯規則顯著降低了項目資料集的大小，從而提高了效能。這種方法存在著兩個問題。首先，項目資料集減少後，數量可能還是非常大，因為數量越大，準確性越高；其次，它需要對每個模式 (pattern) 重複掃描整個項目資料集，這導致時間複雜度為最差的情形，因為需要大量的對比和循環。為了避免產生最差情況的時間複雜度，可使用分而治之策略，並透過樹狀結構來實現。樹狀結構將項目資料集使用支持度鍵值進行劃分，從而產生左子節點或右子節點，優化搜索時間複雜度。這種將樹狀結構用於模式生長的方法，也稱為種子生長 (seed growing) 或模式生長 (pattern growing) 方法，並用於頻繁模式的探勘上。

這些大數據都是關於龐大數量的數據，這些數據以極快的速度被收集，具有各種不同的資料結構，如果使用樹狀結構來處理這些數據，會變得更加繁瑣。大數據使用分而治之技術，將數據劃分為有意義的數據區塊或描述符。這些數據區塊或描述符表的使用是基於特徵，可以透過描述符名稱來訪問這些表，這在 3.1.2 節中已有解釋。由於使用索引鍵來選擇對應的表，可以避免冗餘的搜索和比較。

3.3.2　使用大數據分類分析的資料探勘

分類分析的資料探勘是一種包含資料分析的資料探勘方法，資料分析會提取描述重要類別或分類器的模型。例如：在一場令人興奮的板球比賽中，最後一局可以交給在上一場比賽中面對某隊或某位打者時表現出色的投手。為了更好地提高信賴度，需要大量關於支持度的資料集。大數據具有儲存大量數據的能力，因此非常適合這樣的操作。此外，在大數據中使用數據描述符表，可以將大量數據細分為大量小型的表，從而獲得有意義的資訊。支持度和信賴度可以用作描述符的名稱，從而提高效能。可以利用各種傳統上用於分類的資料探勘技術，來進行描述符表的分類和選擇，例如：

- 決策樹歸納。
- 貝氏分類方法。
- 基於規則的分類方法。

基於模型的方法用於評估和選擇描述符。

3.3.3　使用大數據進行聚類分析的資料探勘

　　使用聚類分析進行資料探勘，是一種將數據項目集提取為有意義的分區以進行資料分析的方法。由這種分區產生的一組聚類，則被稱為資料聚類，也因此聚類將面臨著如何有效率地形成資料分群的挑戰。根據資料集的形成，對聚類的稱呼亦可能會有所不同。由於聚類是一組相似的資料物件集，和其他聚類群並不相似，因此它可以被稱為自動分群聚類 (automatic classification clustering)。根據相似性，資料物件可以在記憶體中進行分割，因此聚類也被稱為資料分割方法。統計方法主要集中在基於距離的聚類方法上。這種聚類是透過觀察來進行的學習，也因此被稱為非監督式學習。

　　分析聚類可以使用以下方法：

- 分割方法。
- 階層式方法。
- 基於密度的聚類方法。
- 基於網格的聚類方法。
- 基於機率的聚類方法。
- 基於維度的聚類方法。
- 基於圖形 (graph) 和網路的數據聚類方法。

結論

　　大數據具有三個特徵，即數據的容量、速度和多樣性。透過分治法將數據細分為有意義的數據，並儲存在數據描述符表中，描述符名稱所代表的鍵值被生成，並用於訪問描述符數據。資料探勘可以利用大數據的此一特點，在描述符表中根據支持度和信賴度組織數據。由於這些表單專用於支持度和信賴度，所以相對於循序表單而言，這些表單較小，因此在空間複雜度上它是有效率的。同時，在非常大的循序表單上運行搜索查詢會對時間複雜度產生不利影響，因為它需要大量的比較和迭代。在大數據中，由於數據被細分，並且使用描述符 ID 或名稱進行訪問，這降低了冗餘的比較和循環，從而改善了時間複雜度。此外，描述符可以根據行為或上下文進行配置，並且創建多個描述符的實例。因此，大數據在資料探勘中非常有用。

選擇題

1. 以下哪些參數主要用於定義大數據？
   (a) 大小、資料結構、功能　　(b) 容量、速度、多樣性
   (c) 並行性、電壓、容量
2. 資料探勘通常使用以下哪兩個概念術語進行知識探索？
   (a) 信賴度和支持度　　(b) 搜索和排序
   (c) 時間和空間複雜性
3. 以下何者是資料探勘中使用的一種分類方法？
   (a) 決策樹歸納　　(b) 搜索
   (c) 覆蓋
4. 以下何者是基於聚類的探勘方法？
   (a) 圖和基於網絡的數據聚類　　(b) 功能聚類
   (c) 以上皆非

概念回顧題

1. 試著為一家販售不同品牌牛奶和麵包的食品賣場建立大數據。研發一個資料探勘操作，以發現用於識別那些購買牛奶和麵包之顧客銷售模式的相關知識。
2. 為一家販售不同品牌牛奶和麵包的食品賣場建立大數據。研發一個資料探勘操作，使用多階層資料探勘，以發現用於識別購買牛奶和麵包之顧客銷售模式的相關知識。

大數據之王萬歲
上下文情境

4

Dr. Anagha Kulkarni

4.1 前言

在選舉期間，新聞頻道會科學地分析選舉趨勢，且每個頻道都希望能夠率先並準確地預測趨勢。在此期間，許多人會積極地在社交媒體上發表意見，因此，新聞頻道必須分析來自各種來源的數據，如民調、調查、Twitter、Facebook、WhatsApp、部落格、線上廣告、報告、音頻訪問、新聞文章等。在這種情況下，數據會以不同的格式出現，如問卷、推文、訊息、圖像、非結構化文本、音頻文件等，數據將會不斷地湧入。此外，數據之間可能存在矛盾和雜訊，如何在最短時間內處理相關數據並做出準確預測是一項挑戰。引用美國小說家艾德娜·費伯(Edna Ferber) 所說：「過多的一切或許和過少一樣糟。」

當今 90% 的數據是在過去兩年內生成的，不僅如此，這些數據中有 80% 是非結構化的。這是由於行動裝置的使用增加，智能手機和平板電腦的數量已經超過筆記型電腦和個人電腦的數量，隨著網際網路連線的改善和負擔得起的價格，以及 Facebook、Twitter、YouTube 等應用程式的易用性，新加入用戶也積極地生成數據。因此，數據正在變成大數據。

人類是最佳的圖形識別 (pattern recognition) 機器，自然而然地，人類會傾向於創造模式。當推文、部落格、貼文、文章、新聞和訊息被寫出時，它們之間必然會存在一些模式。隨著非結構化文本數量的增加，發現文本中的模式非常重要，人們可以在詞語、表情符號、標籤使用等方面找出模式。

　　Facebook 的貼文、推文、電子郵件、部落格、評分、評論、報告等來源所產生的數據是非結構化的，這類數據沒有特定的格式，也不符合任何預定義的結構 (schema)。數據量的大幅增加（從 KB 到 YB）、數據格式的多樣性（從結構化到非結構化）以及數據的高速增長（從批次到實時），使得理解和釐清其中意義越發困難，而具有上述特質的數據就被稱為大數據。圖 4.1 即展現了大數據的三個「V」。

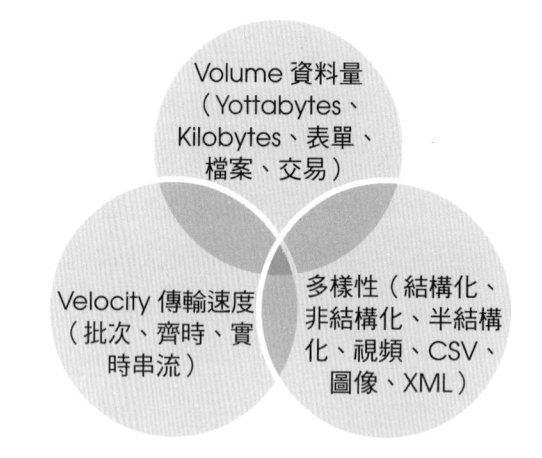

圖 4.1　大數據的三個 V

　　其中一個重要問題是：「正在分析或使用的數據對用戶來說是否具有意義、準確且合理？」只有在基於上下文而不僅是基於內容時，數據才能變得有意義、相關且有用。圖4.2為內容、上下文和相關資訊之間的關係。

　　從以上討論中可以明確得知，大數據的體積龐大，關聯式資料庫無法應對這樣龐大的數據量，此外，關聯式資料庫也無法以所需的速度處理如此多樣化的數據，而Hadoop和MapReduce就很適合處理上述大數據三大特點。本章將以使用Hadoop實現的上下文感知推薦系統作為學習範例。

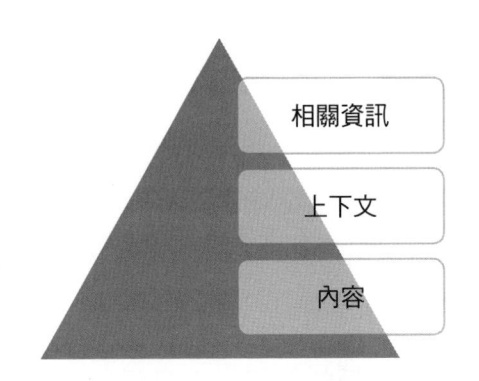

CHAPTER 4　大數據之王萬歲——上下文情境

```
         相關資訊
       上下文
     內容
```

 圖 4.2　內容、上下文與相關資訊間的關係

本章的主要內容如下：首先，4.2 節會列出多位研究者對於上下文的定義；4.3 節是強調在大數據中上下文的重要性；4.4 節描述如何使用具有上下文功能的數據；4.5 節列出在使用上下文時遇到的問題；4.6 節介紹不同類型的上下文；4.7 節則是討論如何在用戶數據中找到上下文；4.8 節提出在大範圍和短文本中發現接近程度的方法；4.9 節回顧上下文分析；4.10 節簡要說明大數據的隱私和安全問題；4.11 和 4.12 節為學習範例；最後，4.13 節總結本章內容。

4.2　什麼是上下文？

上下文 (context) 的定義取決於所應用的領域，許多研究者對其有著不同的定義，以下列出其中一部分的定義。

- 上下文是概念性垃圾桶。
- 上下文是任何可用於描述實體情況的資訊，所謂實體是那些被認為在使用者和應用之間的互動中具有相關性的人、地方或物件，也包括使用者和應用本身。
- 上下文可指位置、附近人物和物件的身分，以及這些物件的變化。

- 上下文被定義為位置、環境、人物身分和時間。
- 上下文是一組環境狀態和規則，它們可決定應用的行為或描述事件發生的地點。
- 上下文被定義為應用環境或情境。
- 上下文是一段時間內發生的所有事情的歷史，以及在特定時刻關注的一小部分事物。

總結來說，上下文是用戶的偏好，而且這些偏好是無限的，但只有部分被知曉，它是情境性的資訊。上下文在數據中並沒有明確提及，它必須是在沒有用戶互動的情況下，從數據和其他情境之間的關係中推導出來，比如數據的來源、創建者、創建時間、創建地點以及數據的接收者等。

4.3 在非結構化大數據中上下文情境的重要性

用戶生成的數據具有豐富的後設資料 (metadata)，後設資料描述了用戶的個人興趣、偏好和友誼關係，以及某些模式。用戶的興趣、活動、偏好和友誼關係範圍，可以在無需用戶互動的情況下進行分析，因此，我們可以說上下文是大數據中固有且根深柢固的。數據的生成發生在特定的環境、特定的時間、特定的用戶、特定的天氣條件下，因此，數據中的這種龐大情境信息，對於分析而言是非常有用，數據變得對用戶有意義、相關、準確且合理。英美作家克里斯‧安德森說過：「在無限選擇的世界中，上下文（而非內容）才是王者。」圖 4.3 是可用作大數據上下文的不同類型數據。

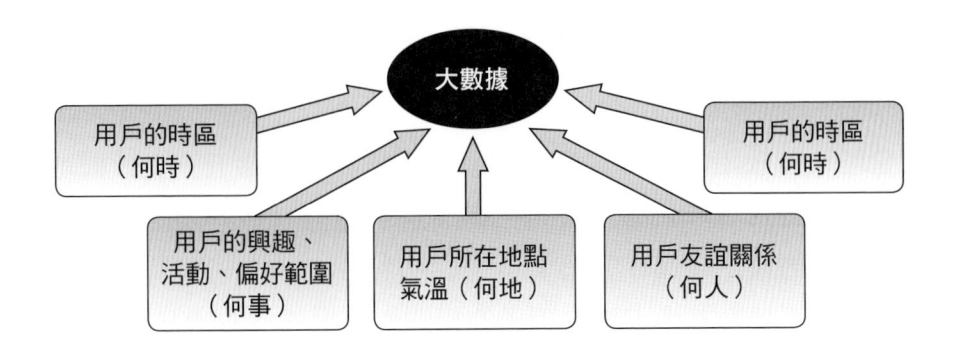

```
                    大數據
         ↗        ↗  ↑  ↖        ↖
  用戶的時區                          用戶的時區
  （何時）                            （何時）

      用戶的興趣、    用戶所在地點      用戶友誼關係
      活動、偏好範圍  氣溫（何地）      （何人）
      （何事）
```

　　　　圖 4.3　可用作大數據上下文的不同類型數據

4.4　如何使用具上下文情境的數據

　　當數據與上下文相結合時，許多事情將自動為您完成，而不需由您來將其完成，這能夠使用戶的生活更加輕鬆。感測器和應用程序充當無聲的觀察者，它們觀察您的行為方式，並在適當的時候為您提供相關資訊。利用情境，推薦系統和廣告可以為用戶提供建議，例如：一位用戶對古典或爵士音樂感興趣，基於周圍環境和用戶的心情，推薦系統可以推薦用戶最有可能會想聽的音樂，在這種情況下，用戶無需搜索音樂。廣告也是如此，比如一個用戶正在夏威夷四處走動，當午餐時間到了，具有上下文敏感性的廣告就可以根據位置、時間相關的上下文資訊以及用戶的偏好，來推薦附近的餐廳。

4.5　為何上下文會在非結構化大數據中產生問題呢？

　　最讓人感到困惑的是，既然上下文有用、固有且深植於大數據中，那為什麼上下文會在非結構化大數據中產生問題？要回答這個疑問並不容易，若將上下文與數據結合，數據的價值會增加，透過考慮上下文，數據即可變得不言自明，並能發現新的見解。然而，隨著價值增加，推導上下文的困難度也隨之增加。以下是在推導上下文時可能面臨的問題：

1. 管理和有效組織上下文是一個巨大的挑戰，因為上下文數據增長迅速，使得管理歷史數據變得困難；另外還有一個問題是，一個被認為有用的資訊應保存多久？
2. 將大量原始數據中上下文因子的相關性，根據當前情況給予定義。
3. 聰明地選擇相關資訊是必要的。某些資訊可能只在短時間內有用且相關，而在其他時候被視為雜訊，這表明用戶的興趣可能是短暫的或持久的。例如：在比賽期間，用戶可能對他最喜歡的球員得分和身體狀況感興趣，一旦比賽結束，這些資訊的用處就會減少。事件的新鮮度在這種情況下起著重要作用。
4. 大數據不但包含了大篇幅文件，也包括來自推特、簡訊等短文本。儘管大篇幅文件通常具有標準的書寫風格和拼寫方式，但由於其大小的不確定性，這些文件很難處理。幸好，許多此領域的相關工作已被完成。
5. 短文本含有的字符數非常有限（最多140個字符），它們含有大量雜訊。Pear Analytics 的一項研究結果指出，40.55% 的推文是毫無意義的，其中 5.85% 是自我宣傳訊息，因此它們可能沒有特定的主題。短文本的變化快速，以下是短文本訊息的局限性因素：

   (1) 短文本沒有標準格式，寫作風格相當隨意。它們可能沒有段落、句子，也沒有標點符號和區分大小寫，這使得我們很難理解用戶是在談論地點、其他用戶，還是事物。
   (2) 大量使用特殊字符，如表情符號、#、@ 等，有時文本中還包含URL。

(3) 沒有單一標準的拼寫方式，美式、英式英文在拼寫方式上有著許多不同之處，除此之外，年輕一代還創造了新的輸入語言(texting language)。在一個包含1,000條簡訊的文集中進行觀察，能夠發現光是「tomorrow」這個詞，就有著16種不同的拼寫方式。表4.1列出「tomorrow」的各種不同拼寫方式。

表 4.1 在 1,000 條簡訊文集中「tomorrow」的不同拼寫方式

序號	tomorrow 的拼寫方式	出現頻率
1	Tomoz	25
2	Tomorrow	24
3	Tomoro	12
4	2moro	9
5	Tomrw	5
6	Tomora	4
7	Tomo	3
8	2maro	3
9	2mro	2
10	Tom	2
11	Tomra	2
12	Tomor	2
13	Tomm	1
14	Morrow	1
15	Tmorro	1
16	Moro	1

另外，也有很多單詞會有著不同的拼寫方式，比如b4、w8、u r、I m、thx 等。

(4) 很多俚語被廣泛使用，表 4.2 舉出了一些俚語的例子。

表 4.2　俚語表

序號	俚語	代表意義
1	Aap	Always a pleasure
2	Aip	Am I pretty
3	Btw	By the way
4	Dp	Display picture
5	Dway	Dude who are you
6	Fyi	For your information
7	Iddi	I didn't do it
8	Lmgo	Laughing my guts out
9	Lol	Laugh out loud
10	Nmf	Not my fault
11	Rip	Rest in peace
12	Tc	Take care
13	w/o	Without
14	Way	Who asked you

(5) 區域方言對短文本的影響。文本由多種不同語言所書寫，且由於文化影響，新詞彙被引入，可能會有語言混用、詞彙和句子的變形。

以上這些因素，使得我們難以決定某段上下文資訊對於使用者的實用性和相關性。

4.6　上下文的種類

上下文可以用不同方式進行分類，其定義和概念之間相互重疊。

1. **位置上下文 (location context)**：有關用戶所在位置的資訊。這些資訊非常重要，一旦知道了這些資訊，許多如同拼圖的其他片段就能正確地放入各自的位置。例如：如果發現位於澳洲的用戶發送訊息給在美國的另一個人，這時通知用戶可能不會立即收到對方的回覆就是很重要的。位置上下文還可以發現用戶是移動或是靜止的。
2. **人物上下文 (people context)**：用戶與哪些人有聯繫。
3. **物件上下文 (object context)**：用戶使用的軟體元件。軟體元件如文件和應用程式，提供了更多有關用戶喜好的資訊。例如：用戶大部分時間是花費在哪些應用程式上，以及他最常訪問哪些檔案（書籍、音頻、視頻等）。
4. **社交上下文 (social context)**：包括與用戶直接、間接接觸的人或應用程式的反應。這也可能包括用戶偏好與其他人或應用程式交流的方式、誰是用戶的好友，以及在哪個應用程式上，並可能有著不同的日期和時間格式。社交上下文還包括文化背景，其中可能包括詞語、短語和俚語的使用。
5. **空間上下文 (spatial context)**：用戶的環境條件，包括位置、溫度、噪音、光效等。空間上下文有助於找出用戶目前所在位置。
6. **時間上下文 (temporal context)**：執行任務的時間。如果日程安排和截止日期即將到來，可以提醒用戶，還可以判斷用戶是定期還是很少訪問某應用程式。
7. **行動上下文 (mobile context)**：配有感測器和應用程式的智能設備。無論你是否需要，感測器都會產生大量的情境資訊；同樣地，社交網路也會產生大量的非結構化數據。我們可以從以下來源獲得感測器數據：

- 衛星圖像（例如：Google Earth）。
- 科學數據（如位置、天氣）。

- 照片和視頻（監控、交通視頻）。
- 雷達和聲納數據。

感測器數據有助於了解用戶的行蹤，進而推薦各項服務。感測器數據能提供天氣、位置、時間、用戶的移動情況（移動或休息）、心率和血壓等資訊。另外，根據按鍵／觸控螢幕的使用方式，則可以評估用戶的情緒／精神狀況等。

同樣地，用戶生成的數據來自於：

- 社交網絡，如 Facebook、LinkedIn、MySpace、Flicker 等。
- 簡訊、電子郵件、調查報告、評論和產品資訊。

評分制度有助於了解喜好和偏好，Facebook 和 LinkedIn 的朋友列表顯示了用戶的交友選擇，Google 日曆有助於了解用戶的忙碌時段和空閒時間。利用感測器和用戶生成的數據，可以建立用戶的上下文。圖 4.4 概述了大數據中重要的上下文資訊。

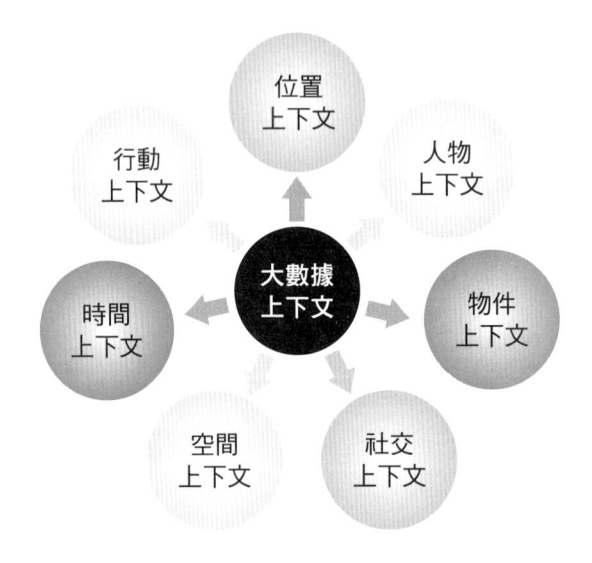

圖 4.4　大數據中不同的上下文

4.7 使用者數據中的上下文

大數據包含大量文件，例如：報告、評論、新聞文章等。這些文件有句子和段落，它們使用標點符號和標準化的拼寫及書寫方式。大數據還包含來自推特、Facebook 貼文等來源的短文本數據，這些短文本數據沒有遵循任何標準的書寫方式，最重要的是，它們僅含有少量的字符，由於它們的大小和書寫風格差異很大，尋找上下文的技術也因此有所不同，下面將討論這些技術。

4.7.1 在大型文本中辨識上下文區域

當一份文件被撰寫時，它被分為三個邏輯部分——介紹、細節和結論，這些部分在確定文件意圖方面具有明確的目的。眾所周知，介紹或開頭段落定義了主題，並建立了上下文，隨後的段落包含詳細資訊，結尾段落結束該主題。因此，了解術語出現在哪些部分是非常重要的。

大型非結構化文件的上下文可以透過兩種方式找出：

文件內部資訊：使用文件中字詞的相關資訊

字詞的位置資訊甚至其格式，也可以用來找到上下文。如果一個字詞出現在標題或文件的開頭，它可能被認為是與上下文相關且重要的；此外，專有名詞也可能被認為是重要的。但是，這種方法只有假設位於文檔開頭或結尾的幾個句子是重要的。

上下文也可以透過文件中的重要句子找出來。句子的重要性可以透過兩種方法來衡量：第一種方法是透過句子與標題的相似性來衡量；第二種方法是透過使用單詞的重要性 [使用 TF-IDF 和卡方 (chi-square) 等統計方法] 來確定句子的重要性。

與上下文相關的重要詞語，可以透過其在句子中的位置、句子在段落中的位置，和段落在文本中的位置來確定。而在句子、段落和文本中的第一個位置可以賦予最高的權重，因此，文件的第一個詞被認為在上下文中是最重要的詞語。

可以根據詞語是緊密還是分散的，來決定其對於上下文的重要性。一個重要的詞語更有可能在整個文件中分散出現，而不是集中在某一部分，所以當一個詞語分散出現時，它被賦予更多的重要性。

另一種方法是在文件中建立上下文位置區域 (Contextual Positional Regions, CPR)。一個詞語的上下文位置影響 (Contextual Positional Influence, CPI)，可以根據其出現的 CPR 來決定，CPR 可以使用 CPR 大小或語篇分段來創建。

另一個考慮因素是詞語首次出現在文件中的位置，這是基於一個通用性的前提，即重要內容會在文件開頭提及。因此，如果一個詞語在文件中出現得越早，就會給予它更多的重要性。

文件間資訊：使用與文件相關的資訊

非結構化文本文件的範圍，包含從幾段語句到幾頁文本。在這種情況下，找尋上下文最常見的方法之一，即是找到文件的作者、語言、可讀性指數、類型等。許多時候，可以透過用戶在智慧型手機、平板電腦等設備上的其他活動，來確定用戶的興趣範圍，其他活動包括用戶閱讀的其他文件，用戶如何在設備內組織所有文件等。利用這些資訊，可以輕鬆找到同層、子層和父層資料夾目錄以及其中的文件，以確定用戶的興趣範圍；而這兩種方法都利用了環境資訊。

4.7.2 在短文本中辨識上下文區域

上述討論的技術並無法應用於短文本上，因為這些技術會依賴於文件中單詞的位置。短文本只有 140 個字符，它們沒有語法、標點符號和拼寫的概念。因此，需要新的技術來找到短文本中的上下文。短文本包含特殊字符，例如：表情符號、@、#和URL等，這些特殊字符對於尋找文本的上下文非常有幫助。

1. 表情符號：又稱為表情圖案，表明作者的情緒。使用表情符號是一種表達情感的新方式。
2. #：在任何相關的關鍵詞或短語之前（不帶空格），Twitter用戶會使用#符號（例如：#總統選舉），它會突顯發推文時的上下文。透過點擊任何訊息中的#符號標籤詞，可以找到所有其他具有相同上下文的推文，且#符號可以出現在訊息中的任何位置。
3. @：在推文中提及某人時，可在用戶名之前使用@符號（例如：@賈伯斯），這會向Twitter上的該用戶發送一條消息；@也可以有效地用於推斷推文的上下文。
4. URL是推文的一部分，具有相似URL的推文，可以被認為具有相似的上下文。
5. 短文本受地區方言的影響，地區方言可用於推估推文作者的位置，因其會顯露出地域特徵。例如：美國南方人通常使用「y'all」，而匹茲堡人使用「yinz」；有些人把9汽水稱為「pop」，有些人則根據他們居住的地區稱其為「coke」；在北加州，推文中將酷的東西稱為「koo」，而在南加州會說「coo」；在許多城市，某些東西(something)被稱為「sumthin」，但紐約市的推文更偏向將其稱為「suttin」。

4.7.3 接近度

接近度(closeness)表示相似性，大型文本或短文本之間的接近度，有助於我們找到它們之間的相似性，從而找到文件的上下文。正如先前討論過的，大型文本和短文本在大小和寫作風格上存在差異。因此，找到接近度的技術也不同。

大型文本

通常我們會使用距離來找出兩個文件之間的相似性。常用的距離函數，包括歐幾里得距離、曼哈頓距離和明可夫斯基距離，也可以使用餘弦相似度來找出相似性。然而，這個找出兩個文件相似性的方法並不適用於所有情形。

兩份文件之間的接近度，可以透過單詞出現的模式來計算。即使兩份文件在距離上相隔甚遠，它們仍可能存在著相似的模式。

請參考圖 4.5 中的模式範例。在第一種情況中，所有模式在距離上相近且相似；在第二種情況中，底部兩個模式非常接近，而且都相似；在第三種情況中，第三個模式被移動了，儘管模式仍舊相似，但其比例發生了改變。

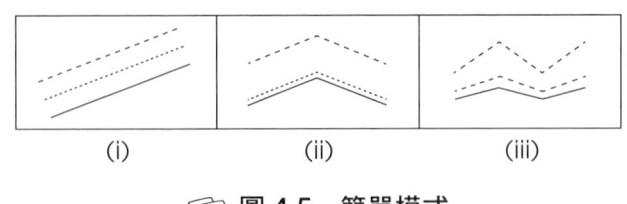

圖 4.5　簡單模式

當使用距離來尋找模式之間的接近度時，在第一種情況中，所有模式都會被認為是相似的；在第二和第三種情況中，底部的兩個模式會被認為是相似的，但這兩種情況下的第三個模式都不會被認為是相似的。如果使用模式的相似性來找出接近度，則在第二和第三種情況下，所有模式都會被認為是相似的。

許多研究人員透過挖掘頻繁術語項目集 [frequent termsets，類似於項目集 (itemsets)] 來找出模式。使用關聯規則探勘演算法，可以找出頻繁術語項目集。

接近度因子是找尋兩個文件接近度的另一種方法。這是一種機率技術，它透過分析文件來計算它們彼此之間的接近程度。接近因子比較文件中單詞出現的模式，並計算它們之間的接近程度。

短文本

要找出兩個短文本之間的接近度，傳統用於大型文本的方法並不適用。然而，經過許多研究，發現了可以找出它們之間接近度的不同技術。

短文本可以透過添加額外資訊來擴充，使其看起來像正常的文本文件。雖然在這種情況下可以應用傳統的技術，然而這種方法耗時且不適合實時應用。

另一種技術是將推文中的每個單詞映射到維基百科頁面及其分類，重疊的數量可以衡量兩個推文之間的相似程度。這種方法不會花費太多時間，並且結果相當準確。這個概念可見圖 4.6。

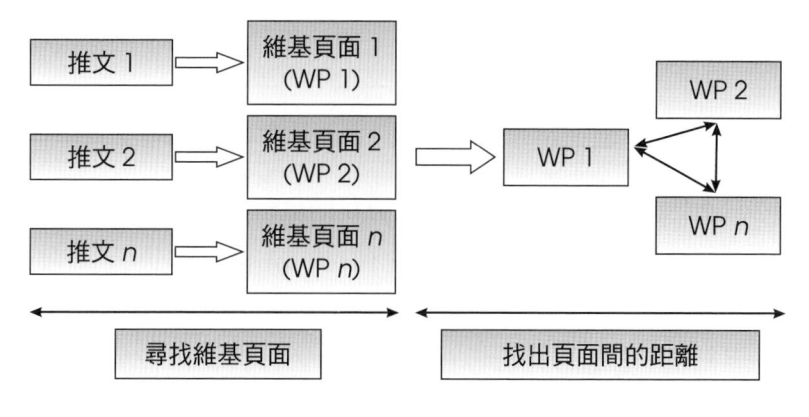

圖 4.6　找出兩條推文間的接近度

「Twevent」使用推文片段，而不僅僅是單個單詞（例如：Steve Jobs 或 Happy New Year），它會將每個推文片段映射到維基百科頁面及其分類中；推文之間的接近度是透過重疊的程度來衡量的。

了解了上下文是什麼，以及它的重要性與分類後，現在最重要的是理解如何運用上下文進行分析。

4.8 上下文分析

上下文分析是將資料轉化為知識的能力，知識是透過分析資訊，並將上下文應用於其中而獲得的。假設一名旅行者正在夏威夷。

- **資料**：位置：北緯 21.3114 度，西經 157.7964 度，時間：下午 12 點（來自行動感測器數據）。
- **資訊**：使用者正在夏威夷，當前時間是中午（由資料推導而來）。
- **知識**：經分析後得出的資訊──使用者可能將尋找餐廳（預測）。
- **上下文**：他喜歡披薩和義大利麵（從歷史紀錄或使用者輸入中推導得出的資訊）。
- **推薦**：附近的義大利餐廳（基於上下文的分析）。

原始資料 ➡ 資訊 ➡ 知識 ➡ 上下文 ➡ 有用的推薦

圖 4.7　上下文分析的處理流程

圖 4.7 以流程圖的形式解釋了整個過程。在這種情況下，資料的可用性增加，並節省了使用者的時間，更有助於做出更明智的決策。上下文情境分析是「物聯網背後的引擎」，上下文情境分析與先前相關的實體建立了新的關聯，也與先前未知的實體添加了新的關聯，並清楚區分了相關和

不相關的實體。

利用大數據與上下文情境分析，各種機構可以從非結構化數據和相關結構化的數據中得出趨勢、模式和關係，這些見解可以幫助這些機構做出基於事實的決策，以預測和塑造商業成果。

4.9 上下文分析的優勢

1. 將上下文情境與各項資訊結合可產生更高質量的模型，使結果更為有用和相關。
2. 實時的上下文情境分析，有助於在運行過程觀察，並執行運行評估。實時的上下文情境分析，可發現實時資料流中的模式，從社交媒體串流中探索趨勢。
3. 將上下文情境分析應用於大數據，使各個機構能夠在減少風險或發現機遇的目標上取得更大的成功。

隱私與安全

上下文情境不僅加強了知識，更在非結構化數據與上下文結合時，能夠釐清模糊之處。歷史和最新的上下文資訊可以結合在一起，為數據提供新的視角，使其更具相關性。最重要的是，由於所有的感測器和應用程式需要相互溝通，因此它們必須彼此分享信息，而其中最重要的問題是，這樣做是否安全呢？

即使大數據的真正優勢在於能夠將各個機構自身的數據與公司防火牆外的數據結合起來，但根據詹姆斯‧吳 (James Woo) 的說法，真正要重視的問題是：「應該分享多少數據？」個人數據和機構數據的隱私及安全存在著許多隱憂，而這些問題需要被解決。

4.9.1 研究案例 I：Facebook 中的上下文

　　Facebook 是一個於 2004 年推出的線上社交網路服務，截至 2014 年 12 月，全球每日活躍用戶數達到了 8.9 億；截至 2014 年 9 月 19 日，每位用戶平均每天在 Facebook 上花費 21 分鐘。每個用戶平均擁有 338 位好友，而中位數則為 200 位。如果每位好友每天至少發表一則評論，平均而言，每位用戶每天至少會看到 300 多則動態消息。Facebook 表示：「由於有這麼多的動態消息，如果我們展示一個不做排名的連續動態消息串流，人們有可能會錯過他們想看到的東西。」因此，最普遍的問題是，Facebook 是如何決定哪些好友的貼文應該排在前面？

　　為了回答這個問題，Facebook 不斷地收集許多方面的數據。

個人詳細資訊

　　使用者的姓名、電子郵件、城市、性別、學校等。

使用詳情

1. 使用者與朋友或公眾人物的互動頻率？
2. 使用者與朋友之間的關係（基於性別、地點、學校、工作場所等）？
3. 使用者與哪些特定朋友經常（或很少）互動？
4. 當使用者對一篇貼文點讚、分享或評論時，他過去與這類貼文的互動程度？
5. 該貼文或圖像從全世界和朋友獲得的讚、分享和評論數量。
6. 對象是否被隱藏（每個貼文右上角都有小箭頭）或檢舉。
7. Facebook 的訪問方式（瀏覽器類型、IP 地址）？
8. Facebook 的訪問時間長度及頻率？
9. 使用者貼文中的關鍵詞。

CHAPTER 4　大數據之王萬歲──上下文情境

　　Facebook 會整合所有這些統計資料以更深入了解用戶，這有助於 Facebook 獲取關於每個用戶的上下文資訊。利用這些上下文，Facebook 巧妙地決定了我們想要了解哪位朋友的更多資訊，它使用演算法來篩選一天中可能顯示的 1,500 則貼文，並從中優先顯示 300 則動態消息。而且，它還有一個功能可以讓你不再看到那些對其更新不感興趣但仍不想刪除好友者的貼文。所有這些都是基於特定用戶的上下文情境──他喜歡的內容和／或不感興趣的內容。

　　「最後互動者」會觀察你最近在 Facebook 上互動過的 50 人，例如：你所查看的某個個人資料或照片，以及對他們的動態貼文按讚，Facebook 會在短期內向你展示更多有關這些人的內容。舉個例子，如果你瀏覽了一位你暗戀女孩的 100 張照片，那麼當天稍晚你就會在動態消息中看到更多關於她的內容，而這個功能僅會影響你所看到的內容。

　　「互動者按時間順序 (chronological) 排列」，乃是 Facebook 為了使實時內容更容易被理解而推出的功能。舉例來說，假設一位朋友發布了一連串關於一場足球比賽的更新貼文。若並非依循著它們的時間順序，而是按照排名順序來展示這些更新貼文，將會讓人感到相當困惑，因為你可能會先看到比賽的最終比分，然後是半場時的照片，接著是第三節的得分，再之後是朋友對比賽即將開始的興奮。因此，Facebook 會迅速地以時間順序展示這些實時更新貼文，這樣你就會先看到最早的第一篇更新，其餘則依次類推。

　　Facebook 透過整合所有收集的資訊，加上使用者目前的地理位置、人口統計資料、不想看到哪些廣告等使用者相關的上下文資訊，以展示使用者感興趣的廣告。

　　以下可能是廣告商制定規則的一些方式：

● **關鍵字：**當使用者發文或留言時所使用的關鍵字非常重要，原始貼文的關鍵字也被視為是推斷使用者喜好的重要依據。例如：當一位朋友發文提到「營養食品」時，原始貼文和使用者留言的關鍵字都提供了有關使用者喜好的資訊。顯而易見，使用者對保持健康感興趣，因此，廣告商可能會刊登有關「健康食品」、「運動器材」等廣告。

- **類別資訊**：使用者的個人資料中有許多欄位，例如：運動、音樂、電影、電視節目、書籍等，使用者可以選擇自己的喜好類別。
- **其他喜歡的專頁**：使用者喜歡或不喜歡的其他專頁，也提供了有關使用者的上下文資訊。
- **參觀的地方**：使用者最近參觀過的其他地方，也有助於收集上下文資訊。
- **共同興趣**：使用者及其朋友之間的共同興趣，可能有助於提供有關使用者的上下文資訊。

所有這些資訊都被用來整合成更相關的廣告，且推薦至使用者的建議貼文中。未來，Facebook可能會使用從手機所獲取的豐富上下文資訊。使用者所在的環境（汽車、餐廳、街道等）、活動（閒置、跑步、步行等），將提供更多有關使用者心情的資訊，Facebook就可以利用這些資訊來娛樂使用者或顯示相關的廣告。

4.9.2　案例研究 II：情境感知推薦系統的實際應用

大數據中的預測分析，是從大數據中提取資訊，並預測未來可能發生的事情。預測分析在各種機構用來預測未來的結果和趨勢上是非常有用的，然而，大數據預測分析存在著以下挑戰：

1. 數據的不斷增加。
2. 上下文（情境）的不斷變化。
3. 快速的響應時間。

為了應對這些挑戰，英特爾 (Intel) 資訊部門開發了一個情境感知推薦系統 (Context Aware Recommender System, CARS)。如果將預測分析與情境相結合，預測結果將更加相關、實用與高效。透過使用英特爾發布的 Apache Hadoop 搭建 CARS，英特爾縮短了上市時間，擴展了收益機會，並建立了可重複使用的推薦引擎。

推薦系統是一種資訊篩選系統，藉由使用者的行為和歷史紀錄來預測其偏好。例如：如果使用者在亞馬遜購物網站(Amazon.com)上訂購了《Playing It My Way: My Autobiography》這本書，系統會立即推薦類似的新書，像是《The Test of My Life》或《Rafa: My Story》這類書籍。這樣的推薦是基於使用者當前的行為，以及由此衍生的上下文資訊所完成的。

4.10 英特爾將 Apache-Hadoop 用於情境感知推薦系統

英特爾透過 Apache-Hadoop 為其商業部門開發了 CARS，用於推薦廣告、優惠券、提醒等。CARS 使用的上下文資訊，包括時間、地點、天氣、季節、設備特性等。

顧客使用路徑導航或搜索關鍵字的應用程式時，CARS 會透過移動導航應用程式，向顧客提供有關目的地路線上的餐廳、商店等商家之優惠券資訊。

CARS 的運作方式

1. 當顧客行駛於路上並啟動應用程式時，商業部門會收集不同路線上的優惠券資訊。
2. 將顧客特定的偏好與上下文資訊進行映射。

3. CARS 列出最相關至最不相關的興趣清單。
4. 將清單呈現給使用者。

系統架構

CARS 使用包括資料預處理、資料分析和結果判讀在內的資料探勘處理，其中資料的預處理和分析是在離線環境中進行的，而結果的判讀則在線上進行。

1. **資料預處理**：這是一個離線處理過程，預處理從各種來源收集資料，並在有需要時進行整合轉換；而預處理會在無共享和大規模平行架構上運用到資料倉儲技術。
2. **資料分析**：資料分析使用 MapReduce 編程範例在叢集的計算機上進行平行和分散式處理，而演算法會使用 Apache Mahout 對數 TB 的資料進行離線資料分析。
3. **結果判讀**：最終的清單會在線上準備完成，包括資料檢索、計算層和標準應用程式介面。

資料流

資料流包含三個層級，分別是預篩選、建模和後篩選。圖 4.8 為 CARS 的資料流示意圖。

1. **預篩選**：在提供最終清單之前，將對路線上的所有優惠券進行處理。當客戶透過導航路線或 SLS 啟動應用程式後，優惠券會被觸發，CARS 會根據上下文資訊所建立的商務規則來進行篩選。
2. **建模**：這一層包含兩種機器學習演算法，即協同篩選和基於內容的篩選。CARS 將這兩種演算法的結果合併成一個模型，以用於預測。

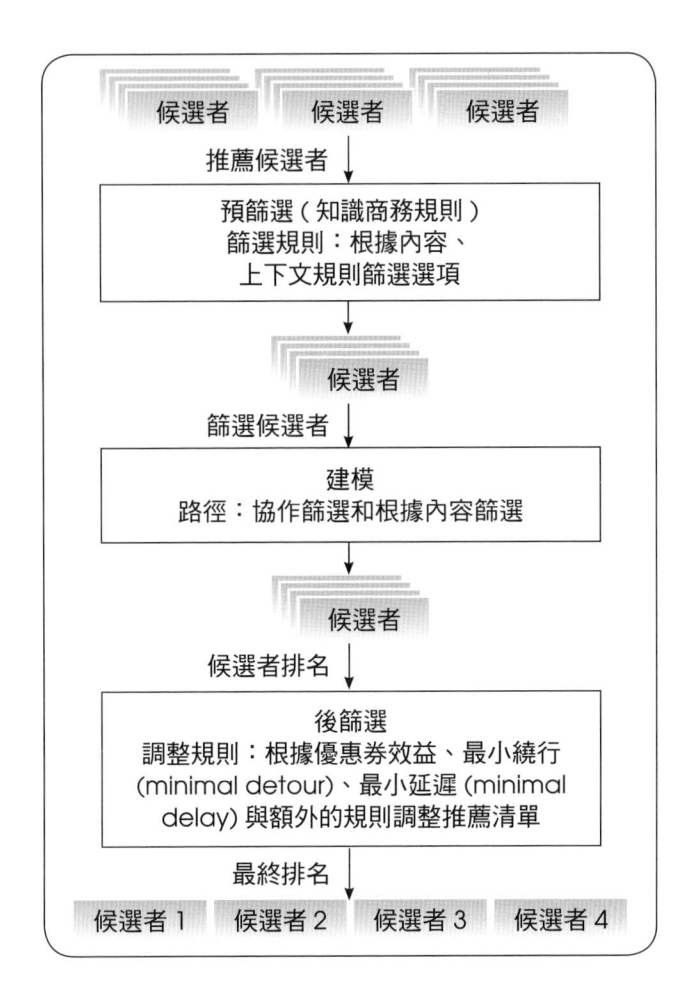

CHAPTER 4　大數據之王萬歲──上下文情境

```
候選者 候選者 候選者
        ↓ 推薦候選者
┌─────────────────────────┐
│ 預篩選（知識商務規則）    │
│ 篩選規則：根據內容、       │
│ 上下文規則篩選選項         │
└─────────────────────────┘
            ↓
         候選者
        ↓ 篩選候選者
┌─────────────────────────┐
│ 建模                     │
│ 路徑：協作篩選和根據內容篩選│
└─────────────────────────┘
            ↓
         候選者
        ↓ 候選者排名
┌─────────────────────────┐
│ 後篩選                   │
│ 調整規則：根據優惠券效益、最小繞行│
│ (minimal detour)、最小延遲 (minimal│
│ delay) 與額外的規則調整推薦清單│
└─────────────────────────┘
        ↓ 最終排名
候選者1  候選者2  候選者3  候選者4
```

　　▣ 圖 4.8　CARS 中的資料流

3. **後篩選**：CARS 會應用更多基於知識的商務規則來進行排名。這有助於根據當前的上下文來調整分數，以決定應該向客戶提供哪些優惠券。

結論

　　上下文在大數據中是固有且必要的，儘管在處理大數據時利用上下文情境可以提高數據的價值和可用性，但在推導上下文衍生情境方面，仍存在著一些挑戰。不過，對於如何推導上下文已有大量的相關研究，此外，用戶的智能設備所產生的龐大數據，Facebook、英特爾、亞馬遜等大型企業已經開始利用這些數據來縮短上市時間，做出更好的決策和風險管理。

CHAPTER 4 大數據之王萬歲——上下文情境

選擇題

1. 在某些情況下，確定上下文因素的相關性相當具有挑戰性，原因為何？
   (a) 有效管理和組織上下文並不容易。
   (b) 大數據包含大量文本。
   (c) 大數據包含大量原始數據。
   (d) 大數據包含較小的數據，如推文和簡訊。

2. 社交上下文指的是：
   (a) 用戶在哪個應用程式上花費了大部分的時間。
   (b) 用戶偏好與其他人聯繫的方式以及使用的俚語、詞語等。
   (c) 用戶所在的環境條件。
   (d) 衛星和雷達數據。

3. 用戶產生的數據指的是：
   (a) 不同應用程式和電子郵件中的數據。
   (b) 行動裝置上各種感測器生成的數據。
   (c) 空間中的數據。
   (d) 僅限用戶的朋友。

4. 文本文件（小或大）的上下文可以透過以下哪個方法找到？
   (a) 字詞的位置重要性。
   (b) 文件的作者。
   (c) 文件的位置。
   (d) 表情符號和主題標籤。

5. 如何找出短文本之間的接近度？
   (a) 需要對短文本添加一些額外的資訊。
   (b) 只能使用主題標籤。

(c) 當文本非常小的時候，是不可能找到的。

(d) 必須進行實時的上下文情境分析。

概念回顧題

1. 說明內容、上下文和相關資訊之間的關係。
2. 是什麼讓上下文成為大數據中不可避免的一部分？
3. 試著闡釋使用上下文時會遇到的挑戰。
4. 辨識短文本中上下文的方式有哪些？
5. 描述尋找大型文本和短文本之間接近度的不同方法。

批判性思考題

1. 用圖表表現出可被視為上下文的五種資料類型，並請解釋它們與上下文的關聯性為何？
2. 您能否在任何應用情境（例如：音樂、圖像等）中辨識上下文元素？

實作題

輸入：100 條推文／Facebook 貼文／WhatsApp 訊息作為非結構化文本訊息的樣本。

1. 找出上述資料的上下文情境，並找出所討論的主題以及推文所涉及的人（如果有的話）。
2. 撰寫程式來更正俚語，準備您自己的字典。
3. 找出上述推文／Facebook 貼文／WhatsApp 訊息中使用了多少俚語。

大數據：
文本分類與主題建模

5

DR. YASHODHARA HARIBHAKTA

5.1 前言

隨著文本資訊如網頁、新聞文章、科學文獻、電子郵件、部落格、即時訊息等急遽增長，對強大文本探勘系統的需求日益增加，這些系統將組織文本文件的集合，並自動從中發現有用的知識。除了尋找文本資訊外，從文本數據中發現新知識的需求也日益增加，這也被稱為**文本探勘**。典型的文本探勘任務，包括文本分類、文本聚類、概念／實體提取、情感分析、文件摘要、實體關聯建模等。在處理龐大的文本數據時，文本探勘和關聯建模是大數據探勘的關鍵核心。

5.1.1 文本探勘

文本探勘是對自然語言文本中所包含的數據進行分析，進而從文本中獲得高質量資訊的過程，而將文本探勘技術應用於解決商業問題的過程，即被稱為**文本分析**。文本探勘可以透過分析文本資訊（如文本文件、電子郵件和在 LinkedIn、Twitter 或 Facebook 等社交媒體上的訊息），進行深入理解，來幫助各種機構建立準確的商業模型。文本數據通常被認為是模糊不清的，這種模糊可能是由於語法和語義的不一致性，包括文本的俚語性、行業特有的語言以及不同年齡群體使用的語言，具有雙重含義的句子和諷刺語。對這些非結構化數據的探勘，是機器學習、自然語言處理或統計建模技術的一項挑戰。典型的文本探勘任務,包括文本分類(即文件分類)、文本聚類、概念／實體提取、情感分析、文件摘要和實體關係建模。文本分析涉及資訊檢索、詞法分析以研究詞頻分布、圖形識別、標註和資訊提取,這些技術的目標是透過應用自然語言處理和分析方法,將文本轉化為可執行分析的數據。典型的應用是將一組使用自然語言編寫的文件進行建模以預測分類,或是提取文件資訊並新增至資料庫或搜尋索引中。

5.1.2 文本分類

文本分類 (Text Categorization, TC) 負責將文本文件自動分類到事先定義好的類別中,TC 任務屬於機器學習中的自動文本分類問題。如果使用監督式分類技術,那麼就會有一組事先定義好的單一類別或多類別集合,並且假定在文本文件集上對系統進行訓練,以達到當新的文本文件呈現給訓練過的系統時,能夠將該文件歸類至預先定義好的類別集合之一。這種監督式分類技術通常被稱為文本分類,在此舉出三種文本分類的範例:二元情況、多類別情況和多標籤情況,如圖 5.1 所示。

- 在二元情況下,文本文件屬於給定之兩個類別中的一個,因此,分類器必須決定文件是屬於這兩個類別中的哪一個。

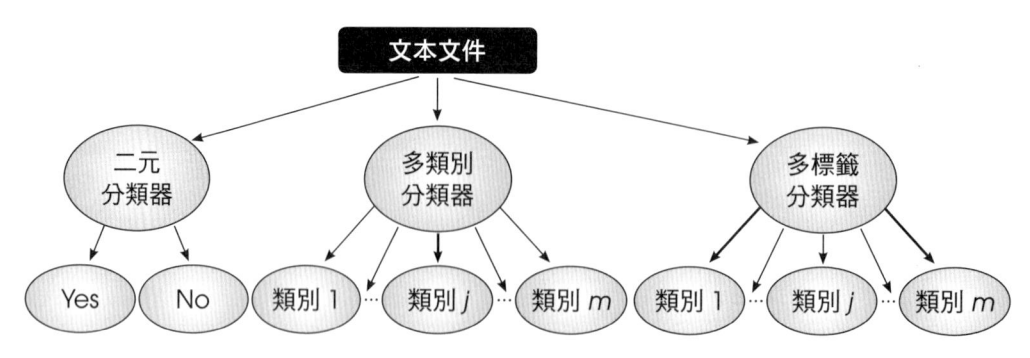

圖 5.1　文本分類範例:二元、多類別、多標籤

CHAPTER 5　**大數據：文本分類與主題建模**

- 在多類別情況下，文本文件屬於 m 項類別集合中的一個類別。
- 最後，在多標籤情況下，文本文件可能同時屬於多個類別，意即類別之間可能在同一份文件上存在重疊的情形。

在二元分類中，分類器透過監督式演算法訓練，將文件劃分為兩個可能集合中的一個。這兩個集合分別是包含「屬於」文件的集合，稱為正樣本；其他包含「不屬於」文件的集合，稱為負樣本。二元情況被設定為基本情況，其他兩種情況皆可以構建在其基礎上。在多類別和多標籤分配中，傳統方法是為每個類別訓練一個二元分類器，而當二元分類器傳回分類的信賴度時，將其分配給排名最高的一個（多類別分配），或者排名最高的數個分類（多標籤分配）。

正式來說，文本分類的任務是將每組 $(d_j, c_i) \in D \times C$ 賦予布林值，其中 D 是文件的定義域，並且 $(c_1, c_2, ..., c_{i|C|})$ 是一組預先定義的類別集合。當 (d_j, c_i) 布林值為真 (T) 時，表示將文檔 d_j 歸類為類別 c_i，而布林值為假 (F) 時，表示文檔 d_j 不屬於類別 c_i。更正式地說，任務是透過一個函數 Φ: $D \times C \to \{T, F\}$（分類器，也可稱為規則、假設或模型）來估算未知目標的函數 Φ': $D \times C \to \{T, F\}$（描述應該如何對文件進行分類），使 Φ' 和 Φ「盡可能地一致」。

上述內容在現實世界中有著相當大量的應用，例如：新聞文章通常會根據新聞主題或**地理編碼** (geographical codes) 進行分類；研究論文會按**技術領域**和**子領域**進行分類；醫療組織則會根據疾病類別、手術類型或保險類型等，將患者報告進行分類。文本分類的另一個已知應用是垃圾郵件篩選，其中電子郵件可被分別歸類為**垃圾郵件**或**非垃圾郵件**。

自動文本分類可被定義為根據已標籤文件組成的訓練集所估算的可能性，來將預先定義的類別標籤分配給新文件。它會根據已經分類文件的特徵生成一個分類器，然後使用該分類器對新文件進行分類，透過這種方法，我們可以將文件進行分類。文本分類的實際應用通常需要一個系統，來處理由大型分類法所定義的數以萬計類別。而由於手動建立這些文本分類器耗時且成本高昂，因此自動文本分類近年來變得越發重要。

5.1.3　上下文情境學習

　　文本通常與豐富的上下文資訊相關聯，在理解一段文本的過程中，上下文是非常有用的，在文本探勘的許多實際應用中，上下文資訊可以作為理解、分析和探勘文本數據的重要指引。例如：分析搜尋紀錄中的上下文模式，可以幫助搜尋引擎開發人員透過根據新查詢的上下文來重新組織搜尋結果，以更好地滿足客戶需求。分析科學文獻中主題的發展或衰減，也有助於研究人員更好地組織和總結文獻，並探索和預測新的研究趨勢。此外，分析產品、社交活動相關客戶評論中的情感，將有助於了解公眾對它們的看法。研究作者與主題間的模式，也可以更容易地找到專家，以及他們對研究團體的看法。

　　很遺憾的，在文本探勘中，上下文的重要性並沒有被充分的探索，在大多數現有的文本資訊管理系統中，上下文的重要性是被忽視的。例如：搜尋引擎被認為是幫助用戶查找和訪問文本資訊最有幫助的工具之一，然而，當一位來自美國計算機協會研討會 (ACM conference) 的研究人員輸入「TCS」查詢時，卻沒有任何一個主要的搜索引擎會在第一頁出現有關「計算機科學理論」(Theory of Computer Science) 的網頁。

　　對於不同的學科會有著不同的上下文分類，例如：語言上下文指的是語言單位 (linguistic unit) 周圍的本地文本，對於推斷語言單位的含義很有用；社交上下文則指社會身分（如作者）影響語言使用的社會變數。最普遍的上下文概念被稱為情境上下文，或上下文情境，最初是由波蘭人類學家布朗尼斯勞‧馬凌諾斯基 (Bronis law Malinowski) 提出，後來由約翰‧魯伯特‧弗斯 (J. R. Firth) 以語言學理論形式化，它考量了產生文本內容時的可評估條件或情況,包括環境或個人方面的情況。在特定類型的上下文中,語言上下文被用於自然語言處理,擴展監督式學習任務的特徵空間,例如:標註和分析、實體提取和語義角色標註;它也直接被用於解決詞義消歧和詞聚類等問題,並透過對照本地語言上下文,來比較語言單位的含義。然而,在現有的文本探勘工作中,對於更通用型的情境上下文探索相當有限。

文本數據的基本假設是文本內容通常涵蓋多個主題,每個主題都是一個隱含的上下文,去理解如何定義和描述上下文,是相關研究中的一個重要項目,上下文學習研究近年來已逐漸開始發展,在此所述的上下文,是指可以用來說明文本內在情況的任何資訊。

5.2 語料庫表示法

如果我們觀察網路上的資訊,會發現大約有 80% 是文字資料,因此有必要將這個含有大量文本數據的語料庫以某種有效檢索資料的形式呈現,我們先假設這個語料庫是一系列的文本文件。向量空間模型 (Vector Space Model, VSM) 是最常用的文本表示模型,它是一種用於表示文本文件的代數模型,透過使用向量空間模型,文本文件可以被表示成特徵空間中的向量,其中的特徵是文件中所出現的術語詞彙。

對於語料庫 $D = \{d_1, d_2,..., d_m\}$,文件 d_1 到 d_m 可以表示為特徵空間中的向量,如下所示:

$d_j = \{w_{1, j}, w_{2, j}, \cdots, w_{t, j}\}$,其中 $w_{1, j}, w_{2, j}, \cdots, w_{t, j}$ 代表文件 j 的詞彙特徵,而 $w_{1, j}$ 定義了文件 d_j 的 $term_1$ 權重。

N 維度特徵空間中的 M 個文件,可以用矩陣形式表示如下:

	f_1	f_2	$\cdots$	f_n
d_1	$w_{1,1}$	$w_{2,1}$	$\cdots$	$w_{n,1}$
d_2	$w_{1,2}$	$w_{2,2}$	$\cdots$	$w_{n,2}$
$\cdots$	$\cdots$	$\cdots$	$\cdots$	$\cdots$
d_m	$w_{1,m}$	$w_{2,m}$	$\cdots$	$w_{n,m}$

每個文件向量的維度，對應於一個單獨的術語 (term)，如果該術語在文件中出現，則在向量中其值被視為非零，向量的維度是詞彙表中詞彙的數量（語料庫中出現的不同詞彙數量）。這些術語的值被稱為權重，可以使用多種不同的技術進行計算，例如：詞頻 (Term Frequency, TF)、詞頻─逆文檔頻率 (Term Frequency-Inverse Document Frequency, TF-IDF)、卡方 (chi-square, χ^2)、資訊獲利 (Information Gain, IG) 等。通常文本數據的表示會透過執行兩個基本步驟來完成：特徵提取和使用某些加權模型進行特徵選擇。特徵提取指的是識別出代表文本文件的重要特徵，而使用加權模型進行特徵選擇，則是指為文本文件的已識別重要特徵分配適當的權重值。

5.3 基於上下文的學習方法

上下文能夠將原始數據轉化為豐富的決策指標。在特定上下文中為真的事情，在其他上下文中可能不成立。因此，從給定情境中獲取上下文是一個挑戰，特別是在處理龐大資訊的時候。

5.3.1 利用超連結上下文

利用超連結上下文 (hyperlink context) 指的是利用 HTML 文件中連結周遭的資訊，它利用人們在網路上建構的 HTML 文件結構中直接提供的相關提示，透過結合大量此類提示，可以實現高度準確性。

　　Haveliwala 提出了一種具有上下文敏感性的網頁排名演算法，與透過獨立於查詢且單一、通用的網頁排名向量，來計算文件的網頁排名分數方法不同，該方法提供了一種動態技術：使用一組網頁排名向量，每個向量代表一個主題或類別，以提供特定上下文的結果排名。在檢索時，透過使用該查詢所屬主題的網頁排名向量集合，來計算與主題相關的網頁排名。因此，查詢的上下文被用來使文件排名分數產生偏差，此方法改善了檢索準確度，並同時將線上處理成本降到最低。

　　基於上下文的索引分類之另一個優勢，是它可以應用於多媒體材料，因為它不依賴於要進行分類文件的內容，它還會重組目錄。一種基於上下文，名為上下文匹配 (Context Matching, CM)，用於網頁文件的即時資訊檢索技術被提出，它捕捉查詢上下文並與術語上下文匹配，以確定術語的重要性和相關性。上下文匹配引入了一種全新的轉譯和使用上下文方式以進行檢索，並且證明對檢索準確性具有正向的影響。相較於其他方法的最佳結果，上下文匹配效能提升約 10%，並比基準運行高出了 41% 的效能。

5.3.2　利用語言上下文

　　語言上下文常用於語言學中，是指能夠幫助推斷語言單元含義，出現在語言單元周遭的文本。語言上下文在自然語言處理中，被用於擴展監督式學習任務的特徵空間，例如：標註和分析、實體提取和語義角色標註。它也會直接用於解決詞義消歧和詞聚類等問題，透過比較其本地語言上下文來對比語言單元的含義。

關係提取

　　當利用上下文時，我們試圖找出文本中所提到的實體之間的關係。資訊提取是一種有著多項應用的技術，如摘要、問答、資訊檢索等，它使我們能夠從非結構化文本中提取特定範圍的數據。例如：一份包含有關書籍、作者、出版日期和其他相關數據的文獻資料。當我們對書籍和作者之間的關係感興趣時，給定一本書，我們會希望能夠識別寫作該書的作者；相反地，給定一個作者的名字，我們會希望找出此人寫了哪些書。這與命名實體識別(Named Entity Recognition, NER)有關，其中包含從文本中提取實體並將它們劃分為不同的類別，這些類別如：

- 人名（個人姓名）。
- 組織名稱（所屬機構、行政組織、委員會）。
- 地點（大都市、國家）。
- 日期和時間（不同格式的日期和時間）。
- 其他（場合、時期、數字、百分比、職稱等）。

命名實體識別在許多語言處理項目中扮演著重要角色，例如：參考解析、意義表示、問答、摘要、新聞搜索等。

關係提取是資訊提取的一個子任務，它會在給定文本中定義出兩個或多個實體之間的語義關係。例如：「阿布·卡拉姆·阿扎德博士是印度的總統。」在這個句子中，有兩個實體，分別是人物（阿布·卡拉姆·阿扎德博士）和地點（印度），而這兩個實體之間存在著關係（總統）。關係提取的概念可以運用於各種日常方面，如圖書管理、簡歷的選擇過程、醫學領域相關的應用等，有許多方法可用於從公開文本或與特定領域相關的文本（如醫學、體育、寶萊塢、維基百科頁面等）中提取這些關係。一般來說，一個關係被視為一個三元組（實體1、關係、實體2）。例如：「**馬克·祖克伯是 Facebook 的 CEO**」。在這個句子中，馬克·祖克伯和 Facebook 是兩個實體，CEO 是它們之間的關係。因此，這個三元組可以寫成**馬克·祖克伯、CEO、Facebook**。現在的問題是，一個文本文件可能包含許多不同的關係，但沒有人會對文件中的所有關係都感興趣。因此，根據應用情境，提取的關係也會有所不同。如果用戶正在開發一個圖書館的應用，他／她可能對書籍─作者、書籍─日期等關係感興趣；而在醫學領域，則是更注重蛋白質─蛋白質的相互作用或藥物─疾病等關係。如此，根據用戶感興趣的應用類型，提取相應的關係。關係提取的架構如圖 5.2 所示。

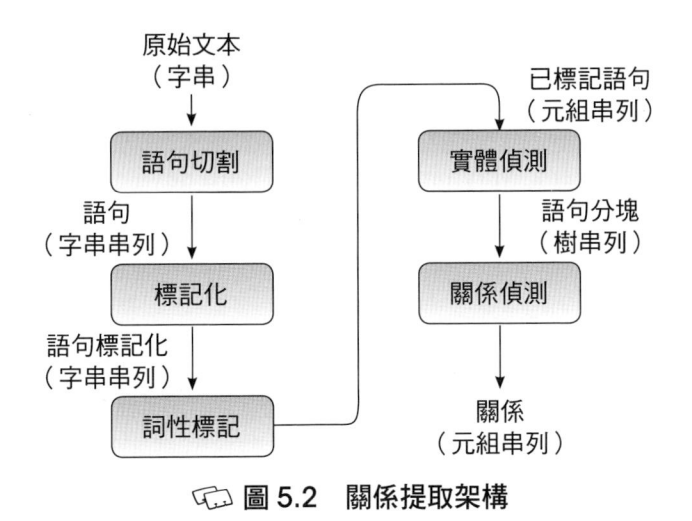

☞ 圖 5.2　關係提取架構

GATE 工具

　　GATE(General Architecture for Text Engineering) 是一個用於資訊提取的開源工具，被許多產業所使用，這些產業有著數以百萬計的業務依賴於 GATE。雖然 GATE 可以提取實體，但它的關係提取並未到達可用的程度。GATE 提取的命名實體數量很少，而提取的實體數量越多，能進一步提取的關係就會越多，因為關係提取是將實體提取的輸出作為該模組的輸入。此外，關係提取在資訊提取系統中對於獲取文件主題而言也非常重要。因此，若能在 GATE 中加強關係提取，可能會使其在相對的應用中獲得更精確的結果。

　　將 GATE 中的實體數量增加，能提高 GATE 工具的精確度。因此，本段的主要目的是透過在資訊提取領域中最常被使用的開源工具（如 GATE），增加關係提取模組，以做出貢獻。

請參閱附錄 II GATE 的介紹、安裝和執行方式、功能特色、重要術語和定義、GATE 開發環境的運行方式，以及 GATE 內建函式的相關資訊。

ANNIE

GATE 中包含了一個名為 ANNIE 的資訊提取系統，它作為一個插件存在，是一個幾乎全新的資訊提取系統（由 Hamish Cunningham、Valentin Tablan、Diana Maynard、Kalina Bontcheva、Marin Dimitrov 等人所開發）。ANNIE 使用有限狀態演算法和 JAPE 語言來執行各種語言處理任務，它包含一系列模組，接下來的段落中將逐一介紹。

ANNIE 的運作方式可見圖 5.3。

1. **文件重置 (document reset)**：此選項可透過刪除所有已標記好的標註來將文件重置為原始狀態。

2. **標記器 (tokenizer)**：標記器將句子分解為空格、單詞、標點符號、符號、句子等部分，每個詞元 (token) 都有不同的屬性，如類別（NNP、PRP 等）、類型、正字法（大寫、小寫）等。

- **標記器規則**：標記器有左邊 (LHS) 和右邊 (RHS) 兩部分，其中左邊部分代表輸入的正規表示式，右邊代表輸出對應的標註，「→」用於分隔左邊和右邊。

  可以在左邊使用的運算子如表 5.1 所示。

- **範例**：左邊「→」標註類型；屬性 1 = 值 1；屬性 n = 值 n。

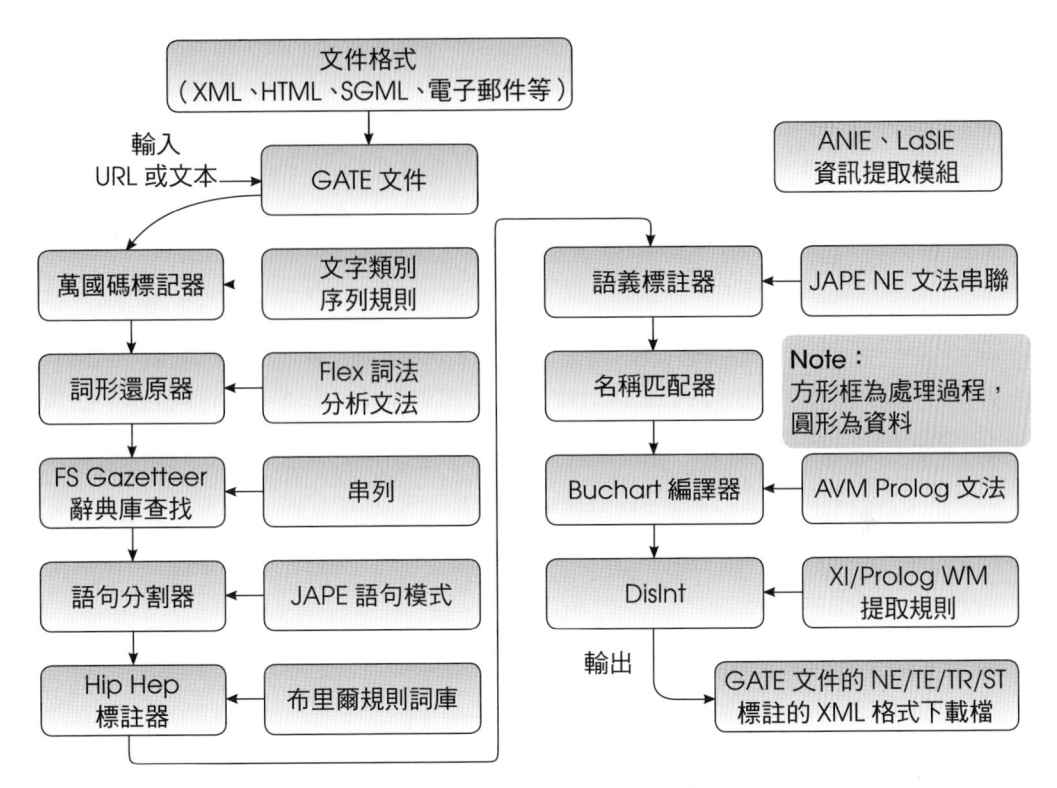

CHAPTER 5　大數據：文本分類與主題建模

```
            文件格式
      (XML、HTML、SGML、電子郵件等)
                    ↓
  輸入                                    ANIE、LaSIE
  URL 或文本 ──→  GATE 文件              資訊提取模組
                    ↓
  ┌──────────┐    ┌──────────┐    ┌──────────┐    ┌──────────────┐
  │萬國碼標記器│←──│文字類別   │    │語義標註器 │←──│JAPE NE 文法串聯│
  └──────────┘    │序列規則   │    └──────────┘    └──────────────┘
        ↓         └──────────┘          ↓
  ┌──────────┐    ┌──────────┐    ┌──────────┐    Note：
  │詞形還原器 │    │Flex 詞法 │    │名稱匹配器 │    方形框為處理過程，
  └──────────┘    │分析文法  │    └──────────┘    圓形為資料
        ↓         └──────────┘          ↓
  ┌──────────┐    ┌──────────┐    ┌──────────┐    ┌──────────────┐
  │FS Gazetteer│  │  串列    │    │Buchart 編譯器│←│AVM Prolog 文法│
  │辭典庫查找 │    └──────────┘    └──────────┘    └──────────────┘
  └──────────┘                          ↓
        ↓         ┌──────────┐    ┌──────────┐    ┌──────────────┐
  ┌──────────┐    │JAPE 語句模式│  │  DisInt  │←──│XI/Prolog WM  │
  │語句分割器 │    └──────────┘    └──────────┘    │提取規則      │
  └──────────┘                          ↓         └──────────────┘
        ↓         ┌──────────┐         輸出
  ┌──────────┐    │布里爾規則詞庫│  ┌────────────────────┐
  │Hip Hep    │   └──────────┘    │GATE 文件的 NE/TE/TR/ST│
  │標註器     │                    │標註的 XML 格式下載檔  │
  └──────────┘                    └────────────────────┘
```

📑 圖 5.3　ANNIE 的運作

📝 表 5.1　運算子與其意義

符號	意義
|	或
*	0 或更多
?	0 或 1
+	1 或更多

- **詞元類型：**

    (1) 單詞。

    (2) 數字。

    (3) 符號。

    (4) 標點符號。

    (5) 空格詞元。

3. **辭典庫**：辭典庫列表包含 .lst 副檔名的檔案，每個檔案包含特定實體的資料庫，例如：人名、組織等，主要用於提取專有名詞的實體。以下是貨幣單位的範例 (currency.lst)：

    表 5.2　貨幣單位 .lst

美分
便士
盧馬
派士
歐元
美元

- **Lipa**：lists.def 檔案是存取所有 .lst 檔案的目錄，.def 檔案的每一行都包含以下屬性：

    (1) .lst 檔案名稱。

    (2) 主要類型。

    (3) 次要類型（非必要）。

    (4) 語言。

    (5) 標註類型（在 GATE IDE 中列表內所顯示的名稱）。

CHAPTER 5　大數據：文本分類與主題建模

.def 檔案中每一行的格式如下：

> （.lst 檔案名稱）：（主要類型）：（次要類型）：（語言）：（標註類型）

- **初始化過程參數：**

  (1) 列表連結 (listsURL)：該連結指向包含所有 .lst 檔案映射的 lists.def 檔案。

  (2) 編碼 (encoding)：它定義在讀取模式列表時使用的字符編碼。

  (3) 區分大小寫 (caseSensitive)：它定義在匹配過程中辭典庫是否應該區分大小寫。

- **執行過程參數：**

  (1) 文件 (document)：要處理的輸入檔案。

  (2) 標註集名稱 (annotation set name)：實際上用於創建 Lookup 標註的標註集名稱。

4. **語句分割器**：預設的分割器會根據詞元找到語句，它是在語句的分隔符號上創建語句標註和分割標註，它會使用如縮寫等辭典庫和一組 JAPE 文法來尋找語句分隔符號，然後對語句和分割進行標註。

5. **詞性標記器**：需要先運行標記器和語句分割器。詞性標記器會為詞元標註添加類別特徵，每個單詞或符號都被標註成為詞性標記。附錄 B 提供了所有詞性標記的列表。

6. **共指標記器**：不同的表達可能指的是同一個實體，正字法共指模組 (orthomatcher) 會匹配文件中的專有名詞及其變體，例如：[Mr. Smith] 和 [John Smith] 將被匹配為同一個人。

5.4　GATE JAPE 規則

JAPE 代表「Java Annotation Patterns Engine」，它使用基於正規表示式的有限狀態自動機 (finite state automata) 來對實體和關聯進行標註。它的目的是在給定的文本文件中找尋模式，以便提取編寫規則的所需關係，它也用於實體提取。JAPE 適用於常規語言（而非圖），其中包含著字母、詞語、標點符號和數字字符所組成的字串。

使用 JAPE 規則進行實體提取

以下是有關撰寫 JAPE 檔案以提取書籍實體的步驟討論。

STEP 1

- 前往 GATE/Plugins/ANNIE/resources/gazetteer，並在此處編寫一個 book.lst 檔案。
- book.lst 將包含書籍名稱（每行一個名稱）。

STEP 2

- 前往 GATE/Plugins/ANNIE/resources/gazetteer，並修改 lists.def 檔案。
- 對於每個串列，它表示主要類型、次要類型（可選）、語言和標註類型，所有參數都以冒號分隔。

> （.lst 檔案名稱）：（主要類型）：（次要類型）：（語言）：（標註類型）

- 默認情況下，Lookup 標註是透過 ANNIE 辭典庫的處理資源來建立的。

CHAPTER 5　大數據：文本分類與主題建模

- 主要、次要類型和語言等特徵被添加到 Lookup 標註中，並在撰寫 JAPE 檔案時用於模式匹配（我們將在 STEP 3 中詳細說明）。
- 打開 lists.def 檔案，並在此處添加一筆新輸入。

book.lst : book : book : English : Book

（有關更多詳細內容，請參閱 http://gate.ac.uk/sale/tao/splitch13.html）

STEP 3

前往 GATE/Plugins/ANNIE/resources/NE，並在該位置編寫一個名為 book.jape 的檔案。其格式如下：

```
Phase: Book
Input: Lookup Token
Options: control = applet
Rule: Book
Priority: 25
(
Lookup.majorType = = book
)
:temp → :temp.Book = rule = "Book"
```

段落 (phases) 結合在一起形成語法，每個段落包含多個規則。在同一段落內，可以為規則分配優先等級。

- 每個 JAPE 文件的前端都必須包含一組標頭，格式如下：

```
Phase : University
Input: Token Lookup
Options: control = applet
```

- 這些標頭適用於該文法段落中的所有規則，它們包含段落名稱、輸入標註的集合和其他選項。

- 輸入標註串列包含所有想要在該文法段落規則的左邊 (LHS) 進行匹配之標註類型，例如：指令輸入 Token Lookup，詞元查找如果沒有輸入任何參數，則會使用所有的標註。
- 匹配類型定義我們該如何處理標註重疊或特定序列有多個匹配的情況。

$$\text{Options：control = appelt}$$

不同的控制 (control) 類型如下：

1. appelt（最長匹配，加上明確的優先順序）。
2. first（最短匹配觸發）。
3. once（最短匹配觸發，並同時停止剩餘匹配）。
4. brill（觸發每個適用的匹配）。
5. all（所有可能的匹配，依次從每個偏移開始）。

- Lookup.majorType == book 這個規則會匹配並接受 majorType 是 book 的 Lookup 標註（對於 book.lst，我們已在 lists.def 文件中定義了 majorType 為 book）。
- temp.Book，這裡的 temp 用於給予滿足該規則的標註臨時標籤，而 Book 定義了用於標註獲得 Lookups 的規則名稱。

（有關更多詳細內容，請參閱 http://gate.ac.uk/sale/talks/gate-course-may10/track-1/module-3- jape/module-3-jape.pdf）

STEP 4

這一步是針對 Java 代碼的選擇性步驟，在使用圖形用戶介面時是必須的。

- 前往 GATE/Plugins/ANNIE/resources/schema，參考舊文件撰寫一個 .xml 檔案。

STEP 5

此步驟非常重要。

- 前往 GATE/Plugins/ANNIE/resources/NE/main.jape。
- 在 main.jape 檔案中添加你的 JAPE 檔案名稱（段落名稱）。

使用 JAPE 規則執行關係提取

以下提供一個實例，說明如何提取機構—地點的關係。

```
Phase:OL
Input:Token Organization Location
Options:control = appelt
Rule:OL
(
//Microsoft is located in Washington.
({Organization})
({Token})[0,7]
({Token.string = = "based"}|{Token.string = = "located"}|{Token.string = = "established"}|
    {Token.string = = "settled"}|{Token.string = = "headquartered"})
({Token})[0,3]
({Location})
)
:temp -> :temp.OL = {rule = "OL"}
```

在這程式碼中，組織和地點的標註（已取得）被視為輸入，每個單詞被視為詞元。我們使用同一個句子中，在這兩個實體（組織和位置）之間的不同模式和關鍵字。在左手邊（LHS）可以使用的運算子如表 5.1 所示。

像人物、組織、地點、作者、疾病等專有名詞實體，是透過使用以 .lst 檔案形式儲存的資料庫來提取的。其他實體，如日期、貨幣、CGPA、百分比等，是透過編寫正規表示式來提取的。例如：CGPA 實體的規則如下所示：

```
Rule:CGPA
(
({Token.kind = = number_cgpa})
({Token.string = = "."})
({Token.kind = = number, Token.length = = "1"} | {Token.kind = = number, Token.length = = "2"})
)
:temp → :temp.CGPA = {kind = "number", rule = "CGPA"}
```

在這個例子中，語法規則被編寫為最多接受到兩位小數的數字。number_cgpa 是 number_cgpa.lst 文件的主要類型，其中只包含從 0 到 9 的數字。對於這種數字的小集合，您也可以將數字寫在規則中，而非創建一個 .lst 文件，但由於這是編寫 JAPE 規則的標準方式，因此會對所有與資料庫相關的實體都採用相同的方法。同樣的，在這個例子中，number 表示 number.lst 文件的主要類型，其中包含從 0 到所提及長度的所有數字。

接著考慮另一個用於提取因果事件關係的範例。

```
Phase: Causal
Input: Token Sentence Date Time
Options: Control = appelt
Rule: Causal
(
(
({Token.string != "." })*
({Token.string = = "caused"} | {Token.string = = "causes"} | {Token.string = = "cause"} |
(({Token.string = = "result"} | {Token.string = = "results"} | {Token.string = = "consequence"} |
{Token.string = = "outcome"} | { Token.string = = "effect"} | { Token.string = = "upshot"} |
{ Token.string = = "outturn"} )
( { Token.string = = "into"} | { Token.string = = "of"})))
({Token.string != "."})*
) |
(({ Token.string ! = "."} *
({Token.string = = "because"})
({Token.string ! = "."} *
) |
(({ Token.string = = "If"} | {Token.string = = "if"} )
({ Token.string ! = "."}) *
({ Token.string = = ","} | {Token.string = = "then"} )
({ Token.string ! = "."}) *
) |
```

CHAPTER 5　大數據：文本分類與主題建模

```
// This happened long after Zarah left the house
((({ Token.string ! = "."} *
({Token.category ! = "RB"}) | {Token.category !="RBR"} | {Token.category !="RBS"} |
    {Token.category !="RP"})
({Token.string = = "after"})
({Token.string != "."})*
) |
// He was getting over confident about his results as if he was the only one to participate
(({Token.string != "."})*
({Token.string = = "as"} | { Token.string ="As"})
({Token.category != "IN"})
(({Token.string != "."})*
) |
// Since 1998, he was working in the field of cinematography.
(({Token.string != "."})*
({Token.string = = "since"} | { Token.string ="Since"})
({!Date}{!Time})
({Token.string != "."})*
))
:temp   :temp.Causal = { rule = "Causal" }
```

在語言數據中可能出現許多種因果事件，但本章僅考慮部分情況來生成基本的因果事件提取模型，給定的範例包含以下情況的文法規則：

1. 如果一個語句中包含關鍵詞，如 cause（原因）、result（結果）、outcome（後果）、effect（影響）等，則它被視為因果事件。
2. 包含 because（因為）關鍵詞的陳述。
3. 具有 If-then（如果—那麼）子句的陳述。
4. 通常具有 adverb + after'（副詞＋之後）的陳述幾乎都是時間關係，而不是因果關係，所以我們對其進行了否定，以提取因果事件。
5. As + proposition（如＋提案）幾乎不能表明因果關係，因此考慮採取否定。
6. 包含 Since（自從）關鍵詞，且後面有著日期或時間事件的語句，不被視為因果關係，這條規則是為了提高第一條規則的準確度而編寫的。

圖 5.4 顯示執行提取實體後的實體和關係提取模型視窗圖，圖 5.5 則顯示執行提取關係後的實體和關係提取模型視窗圖。

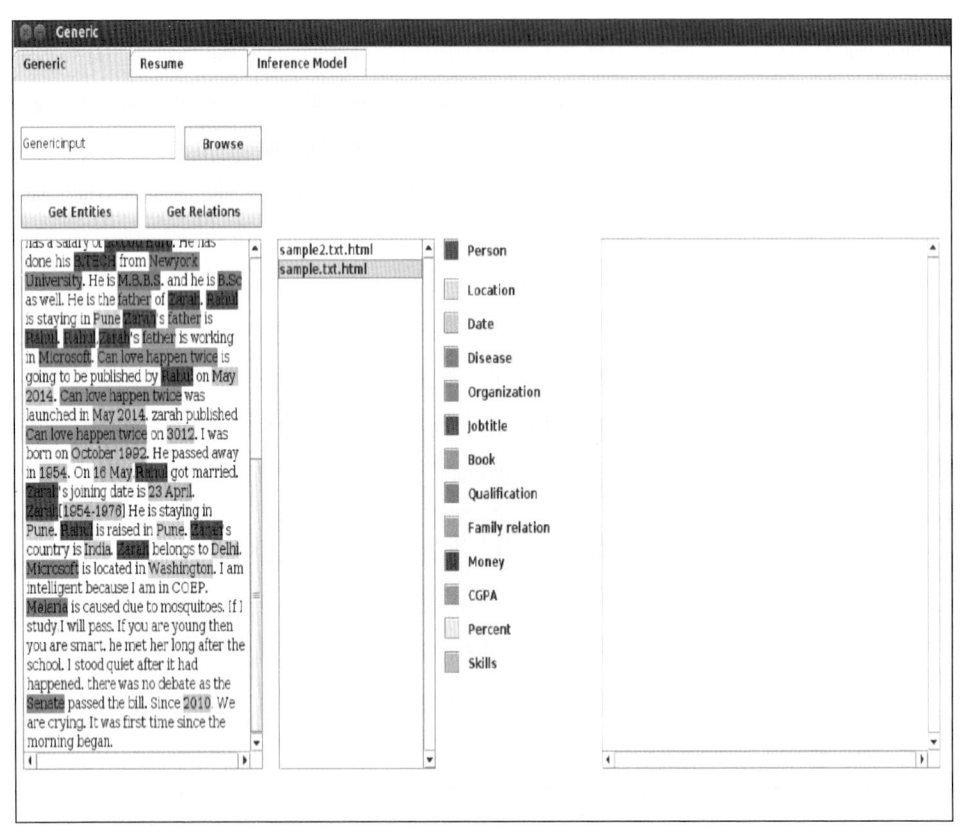

圖 5.4　實體和關係提取模型用於提取實體

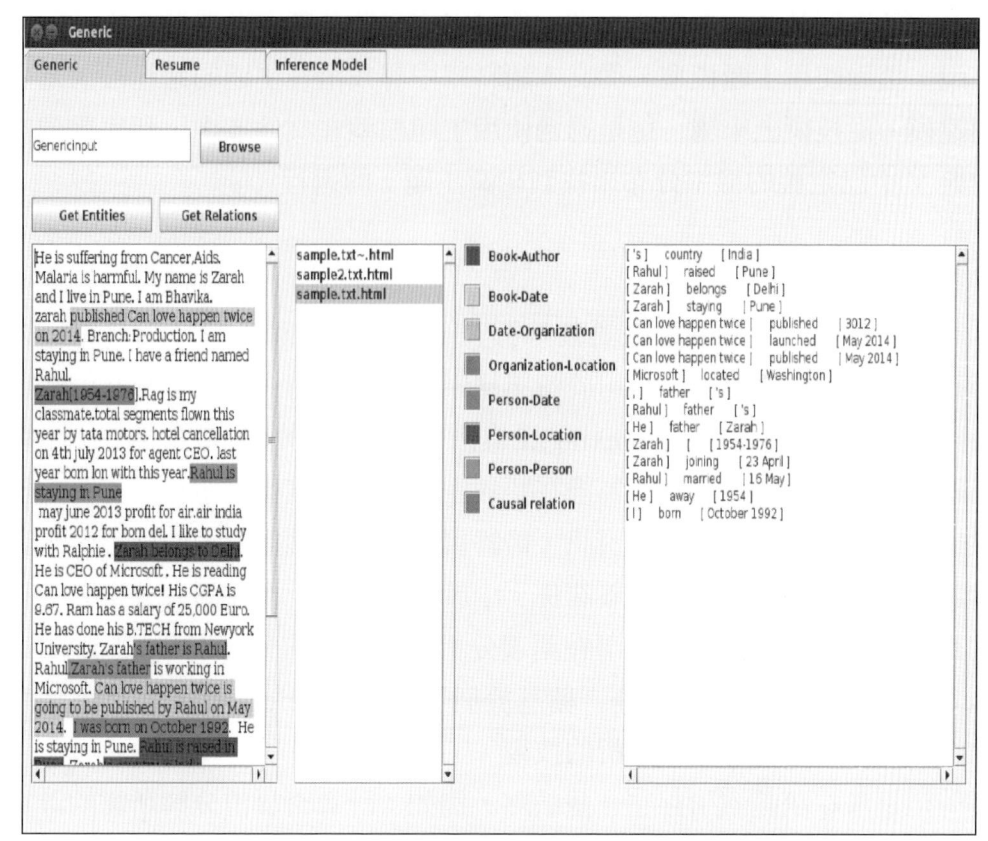

CHAPTER 5　大數據：文本分類與主題建模

> 圖 5.5　實體和關係提取模型用於提取關聯

5.5　主題建模

在主題建模 (topic modelling) 的相關文獻中，主題被稱為是文本語料庫中文件間隱藏的模式或簡要描述。從技術上來說，主題是語義相關詞語的群集，它們被用作詞語和實體（例如：文件或作者）之間的橋梁，以尋找兩者之間的隱藏關聯。主題可以非正式地定義為：「潛在的語義主題，即大量詞語組成的文件可以由少數幾個小主題的衍生建模而成」。

主題模型基於一個概念，即文件可以表示為各種主題的混合物。一般來說，透過使用主題模型，從文本語料庫中尋找潛在主題的過程被稱為主題建模。從技術上來講，這是透過使用主題模型在文件 d 中，利用單詞在辭典 V 中已定義的機率分布來找到相關主題 z 的過程。

5.5.1　潛在語義分析

我們首先介紹利用潛在語義分析 (Latent Semantic Analysis, LSA) 來尋找文本數據中的主題，當用於資訊檢索的情境中時，它也被稱為潛在語義索引 (Latent Semantic Indexing, LSI)。潛在語義分析的基本構想，是將高維度的詞頻向量映射到稱為潛在語義空間的低維度中表示，這有助於提供比文件中詞語還要更多的資訊，最終目標是以語義空間中的接近度來表示詞語和／或文件之間的語義關係。由於其通用性，潛在語義分析已被證明是一種強大的分析工具，潛在語義分析使用奇異值分解 (Singular Value Decomposition, SVD)，這是一種基於與特徵向量 (eigenvector) 分解相關的矩陣運算，並進行因子分析的技術。

但是潛在語義索引存在一些缺點，例如：計算奇異值分解所需的計算成本高，需要大量的記憶體資源，以及為了涵蓋新文件而需要重新計算整個奇異值分解。而在概念上，潛在語義分析所獲得的表示法並無法處理一詞多義。

為了應對潛在語義分析的問題，作為首個具有潛在層和強大統計基礎的機率方法，機率式潛在語義分析被提出並應用於主題建模。

5.5.2　機率式潛在語義分析

機率式潛在語義分析 (Probabilistic Latent Semantic Analysis, PLSA) 的核心是一個統計模型，稱為「面向模型」(aspect model)。機率式潛在語義分析旨在識別和區分單詞用法的不同上下文，而無需借助辭典或同義詞辭典。這具有兩個重要的含義：首先，它允許我們消除多義性，即具有多個含義的詞語，而實際上，幾乎每個詞都是多義的；其次，它透過將屬於共同上下文的詞語分組在一起，揭示主題上的相似性。

基本的機率主題模型稱為機率式潛在語義分析，而當應用於資訊檢索的情境中時，它也被稱為機率式潛在語義索引 (Probabilistic Latent Semantic Indexing, PLSI)。主題模型的基本假設是文本集合中存在 k 個潛在主題，每個主題由詞語的多項分布表示。我們使用 θ_j 表示第 j 個主題的多項分布，涵蓋了所有 $w \in V$ 的詞語。我們引入一個新的參數 $(\theta_j|d)$，來表示從文件的混合模型中選擇特定主題的分布。$\{p(\theta_j|d)\}_{j=1...k}$ 因此形成了在給予特定文件情況下的主題多項分布，該分布對個別文件具敏感性。D 的對數概似函數 (likelihood)，可以寫成如下：

$$\log p(D|M) \propto \sum_{d \in D} \sum_{w \in d} \log \sum_{j=1}^{k} p(\theta_j|d) p(w|\theta_j)$$

在這裡，w 表示文本集合中的詞語詞元，D 表示文件集合，M 表示語言模型。其中一種機率式潛在語義分析的擴展方式是將主題與全域背景 B 的上下文進行混合。這將給我們一個修改過後的機率式潛在語義分析模型，如下所示：

$$\log p(D|M) \propto \sum_{d \in D} \sum_{w \in d} \log \left[(1-\lambda_B) \sum_{j=1}^{k} p(\theta_j|d) p(w|\theta_j) + \lambda_B p(w|B) \right]$$

這個模型的優點是，英語中的常用詞語，如停用詞和語法詞語，將由背景上下文 B 進行解釋。因此，每個主題模型中具有高 $p(w|\theta_j)$ 的詞語將是有意義的內容，我們可以透過它們解釋主題的語義。在進行模型平均時，λ_B 可減少雜訊的干擾。這個經過修改的機率式潛在語義分析模型，已被證明在文本探勘的任務中具有良好性能。

而作為一種特殊案例，它包含著同義詞的出現，即具有相同或幾乎相同含義的詞語，其面臨著兩個主要缺點。首先，模型中的參數數量隨著語料庫的大小呈線性增長，這導致嚴重的過度擬合問題；其次為不清楚如何為訓練集之外的文件分配機率。它在詞語級別上是生成式的，但在文件級別上不是。並且，一種基於一元模型 (unigram model) 的模型被提出，稱為混合一元模型 (mixture of unigrams)。在單元模型中，每個文件的詞語都是從單個多項分布中獨立抽取的，如果將單元模型與離散隨機的主題變數 z 相結合增強，則可以得到混合一元模型。混合一元模型基於每個文件只展示一個主題的假設，且由於該假設的限制，我們無法有效地對文字語料庫進行建模。為了克服機率式潛在語義分析的局限性，一種被稱為潛在狄利克雷分配的生成式機率主題模型被提出。

5.5.3　潛在狄利克雷分配

潛在狄利克雷分配 (Latent Dirichlet Allocation, LDA) 提供生成式模型，解釋了文件是如何創建的，它描述了每個文件如何獲得其詞語，每個隱含的主題實際上都可用於構建文件的詞語。潛在狄利克雷分配假設文件中有先驗主題分布，同時也有詞語在不同主題之間的機率分布。在潛在狄利克雷分配中，一個文件可以生成多個主題，並且可以使用變分推斷 (variational inference) 演算法和吉布斯採樣 (Gibbs sampling) 為語料庫之外的文件分配機率。它在詞語和文件級別上都是生成式的。由於不會隨著輸入數據的規模而出現大量參數增長的問題，因此潛在狄利克雷分配在計算效率上優於機率式潛在語義分析。

機率式潛在語義分析在文本探勘和資訊檢索的情境下被廣泛使用。但機率式潛在語義分析有個問題是它具有相當多的自由參數，因此模型可能會過度擬合數據。提出的解決方法是引入額外的正則化 (regularization) 到混合係數中，以便每個多項式向量都從相同的狄利克雷分配中抽樣。因此，該集合的新概似函數可以如下所示：

$$\log p(D|M) \propto \sum_{d \in D} \int_{\vec{a}_d} p(\vec{a}_d|\alpha) \left[\sum_{w \in V} \log \sum_{j=1}^{k} a_{dj} \cdot p(w|\theta_j) \right] d\vec{a}_d$$

在機器學習文獻中，這種模型被稱為潛在狄利克雷分配。請注意由於積分，狄利克雷分配的參數評估無法使用標準的最大期望演算法處理，而是需要更複雜的估計方法，如變分推斷、吉布斯採樣或期望傳播 (expectation propagation)。另外還有許多其他主題模型，它們多半是機率式潛在語義分析或是狄利克雷分配的延伸。

5.6 情境建模

情境模型提取了代表文本內固有情境特徵的資訊，研究人員提出，理解任何文本都涉及構建文本本身的心智表徵。情境模型是對文本用戶角度的理解，因此，情境模型是對文本中描述的各種實體關聯的心智表徵，而非對文本本身。它們是人們對於文本中描述的對象、地點、事件和行動所理解的心智表徵，從這個角度來看，任何可以用來舉例說明情境的資訊都將構建一個上下文。

情境建模的模型旨在從文本中建立情境，首先，確定兩個語句之間的相似性，接著將相似值用於確定兩個語句之間的一致性，這有助於在它們相似和一致的地方形成文本語句的區塊 (chunk)。相似性會在四個不同的層級上進行測試：語法相似性、語義相似性、共現相似性和語法關係相似性，並透過與預定閾值的對比來檢查一致性，而情境會從每個文本區塊中被提取出來。

在語言學中，連貫性是使文本在語義上有意義的要素。連貫性可使用語法特徵來實現。例如：直接追蹤言談行為的特徵，可以用於替代某個詞語或詞組的常規語法，以及與一般現實知識相關的預設和含義。為了找到語句之間連貫性的值，我們需要以單詞相似性來協助計算語句相似性。我們使用知識庫 WordNet 來實現這一點，語句相似性是透過確定語句之間的單詞相似性來找到的，可以藉此區分兩個或多個句子不同類型的相似性，如語法相似性、語義相似性、共現相似性和語法關係相似性。在語法相似性中，語法上相同的單詞被賦予較高的相似值，如果語句包含相同的單詞，那麼語句相似性會在很大程度上受到影響。在語義相似性中，語法上不同，但在語義上相似的單詞，可能會被賦予較高的相似值。在共現相似性中，與相似單詞多次同時出現的單詞具有較高的相似值，並會提高語句的相似性。在語法關係的相似性中，重複出現且具有相似語法關係的單詞可能被認為相似，此類單詞的相似值會增加，從而提升語句的相似性。因此，我們找到兩個連續語句之間的相似性，並使用預設的閾值進行比較。當相似值低於閾值時，該文本即失去連貫性，我們使用這種方式來形成文本的區塊，然後提取各個區塊的情境。

情境提取器著眼於從文本區塊中找出重要的部分，它使用語句的得分值，並輸出對文本的理解。每個語句的得分值是使用語句內每個單詞的局部和全域得分值所計算出來的。單詞的局部得分是透過將單詞的得分與包含該單詞的子句得分所相加得出，單詞的得分是從單詞的頻率得來，子句的得分則是使用包含該單詞所有三元語法 (trigram) 中單詞的總得分所計算出來的。

5.6.1　確認連貫性

在語言學中，連貫性被解釋為有語義意義的文本。在本節中，我們要找出語句之間連貫性的數值。

為了找到這些值，我們需要單詞相似性，以便計算語句相似性。我們使用知識庫 **WordNet** 來實現這一點。

WordNet

WordNet (http://wordnet.princeton.edu) 是由普林斯頓大學認知科學實驗室的 George Miller 所開發的詞彙庫，它包含了一個非常龐大的英語詞彙集合，以語義網絡的形式結構化，其中節點是透過 IS-A 關係連接的術語。在 WordNet 中，單詞被分組為同義詞集，稱為「Synsets」，每個 Synset 表示一個不同的概念，Synset 包含了與單詞有關的所有不同意義，稱為詞彙定義。WordNet 遵循不同的語法規則，以區分名詞、形容詞、動詞和副詞，但並不支援介詞、限定詞等。

為了找到單詞之間的相似性，更具體地說，是找出路徑相似性，我們會使用 WordNet。路徑相似性測量是找出 WordNet IS-A 階層結構中詞義之間的最短路徑，它會根據兩個詞義的相似程度返回一個分數，分數的範圍介於 0 到 1 之間，分數為 1 表示完全相同。舉例來說，將一個詞義與自身進行比較將返回 1；而若出現無法確定或找到路徑的情況，將返回「none」。

根據路徑測量

有鑑於其樹狀結構，使用 WordNet 測量詞彙語義關聯性的直觀方法，就是計算兩個 Synset 之間的連結數量。它們之間的路徑越短，被認為越相關。Rada 等人曾嘗試使用一種稱為 MeSH 的醫學分類法，來測量醫學術語間的語義關聯性，其測量表現相當不錯。Leacock 和 Chodorow 提出的一種使用 WordNet 測量方法，達到相似的效果。Leacock 和 Chodorow 提出的測量方法僅考慮 WordNet 中名詞的 IS-A 階層結構，由於僅考慮名詞的階層結構，因此僅限於查找名詞概念之間的相關性。名詞的階層結構透過構想一個包含所有名詞階層結構的根節點，可以全部合併到單一的階層結構中，這確保了在這一個樹狀結構中的每對 Synset 之間都存在一條路徑。為了確定兩個 Synset 的語義關聯性，必須計算分類法中兩者之間的最短路徑，並與分類樹的深度有關。以下公式用於計算語義關聯性：

$$Related_{lch} = -\log \left[\frac{Shortestpath(c_1, c_2)}{2 \times D} \right]$$

在這個公式中，c_1 和 c_2 代表了兩個詞彙概念，$Shortestpath(c_1, c_2)$ 指定了兩個詞彙概念 c_1 和 c_2 之間的最短路徑，D 是分類法的最大深度。這種方法是建立於一個假設之上，即分類法中每個路徑或連結的權重都相同。然而這個假設是不成立的，實驗表明，位於詞彙分類樹中較低階層且只相差一個階層的詞彙概念，會比位於較高階層的詞彙概念更接近或更相關。儘管它缺乏複雜性，但這種方法仍相對有效。

5.6.2　確認語句相似性

語句相似性可透過確定語句之間的詞語相似性來找到，相似性有著許多不同的類型，如語法相似性、語義相似性、共現相似性和語法關係相似性。我們將在接下來的部分討論這些類型：

相似性的各種類型

1. **語法層面的相似性**：對於在語法上相同的詞語，設定相似值為 1。作為判別相似性的兩個語句之間相同的詞語越多，則兩個句子之間的相似值越高。

    例如：
    - 這個水果是一個紅蘋果。
    - 這個水果是一個蘋果。

    上面的兩個語句之間顯示出很高的相似值，因為它們有很多相同的詞語。

2. **語義層面的相似性**：對於在語義上相同的詞語，設定相似值為 1。如果作為判定相似性的兩個語句中有著在語法上不相似，但在語義上相似的詞語，那麼這些詞語之間的相似值也被設定為 1。

   在確定語句的相似性時，語義相關詞語的相似值會被賦予權重。

   例如：
   - 煮魚。
   - 燒烤鱸魚。

   這組例子中包含了語義相關的詞語，如「煮、燒烤」或「魚、鱸魚」。因此，該組例子具有最大的語義相似性。

3. **詞語共現相似性**：所有在文本中與同組詞語一起反覆出現的詞語，會被假定為具有相似的意義。如果用於判定相似性的兩個語句中具有與同組詞語頻繁共現的詞語，則這些詞語的相似值會因某些因素而增加，從而增加語句的相似性。

   例如：
   - 汽車遇到了事故。
   - 摩托車遇到了事故。

   在上面的語句中，汽車和摩托車有可能是相似的。

4. **詞語語法關係相似性**：所有在文本中反覆出現並具有相似語法關聯的詞語，會被假定為相似。這個理論會透過某些因素，增加這些語法相似詞語的相似值，進而提高整個語句的相似性。

   例如：
   - 小明駕駛了摩托車。
   - 小華乘坐了公共汽車。

在上述語句中，摩托車和公共汽車可能相似，因為它們具有相似的語法關係。

5.6.3 情境建立

在確定了具有連貫性的文本區塊之後，接著計算屬於這些區塊的每個語句的得分，我們就可以找出有著較高得分的語句文本區塊。但是，在建立情境時，較高的語句得分並不是將語句添加到情境中的唯一標準。最一開始時，將具有最高得分的語句添加到情境中，並在添加次高得分的語句之前，檢查是否可以透過連接詞如「AND」，將此句與前一個最高得分的語句相關聯。如果是這樣，則會認定次高得分的語句是不必要的，且不會被添加到情境中。這是因為像「AND」這樣的詞語可能會提到之前說過的事情，因此不會為情境添加任何新的資訊。

如果所選語句是具有最高得分的簡單語句，那麼它極有可能會談論之前未提及的主題（它是區塊的重要成員），也因此會從文本區塊中被選擇。更進一步地說，它將會被直接包含在情境中。如果語句以闡述性連接詞開頭，則藉由將分數設置為0，讓重要性也被設置為0。而如果語句不是以闡述性連接詞開頭，但與前一句有關聯，則同樣其分數會被設置為0，重要性也降為0。此類語句的命運取決於前一句，不論語句的重要性如何，其分數都將可能被設置為0。當下處理的語句將從用於建立情境的文本區塊中刪除，此過程會重複進行，直到我們在情境中獲得所需數量之具連貫性且高度相似的語句。因此，透過對每個文本區塊運用此過程，我們會形成不連貫區塊的情境，從而塑造出整體的情境。

5.7 大數據與文本分類

5.7.1 前言

大數據目前是以容量、多樣性、速度、價值和複雜性，這五個數據特徵來定義。而隨著與數據相關的特徵，如容量、多樣性、價值、管理和安全性的快速增長，意味著在未來某個時間點，數據的容量、多樣性和速度增加至一定程度時，當前的技術和科技將可能無法應付這些數據的儲存和處理。大數據的每個特徵都代表著一個重要的技術研究項目，以下將對其進行討論。

大數據的容量

大數據每分鐘所生成的資料量非常龐大，這種難以使用傳統工具處理的數據以 PB (petabytes) 為單位，不只需要大容量的儲存空間，還會不停的生成增加。雖然可以透過購買額外的儲存空間來應對這種數據增長，但這樣的支出費用可能會太過高昂。

數據的快速增長

非結構化數據正快速增長，這種數據包括照片、電子郵件、Twitter 推文、Facebook 的資料、來自呼叫中心的通話紀錄、電影、金融交易、網站點擊率、醫療紀錄的資料集、圖像、文件、天氣預報紀錄、感測器數據、文本等資訊。根據統計，非結構化數據在任何機構中都占據了其數據總量的 80% 以上。非結構化數據也幾乎占據了全球數據的 80%，更有高達九成的大數據是由非結構化數據所組成。許多非結構化數據是隨機的，因此無法建模，變得難以分析，故我們需要制定適當的策略來管理如此龐大的數據。

5.7.2 管理大數據

今天，在許多的機構中，大多數數據都是靜態的，而來自各種資源的數據，如感測器網路數據、私人和公共數據、紀錄文件等，都是高度混亂的。在早期，大多數公司無法捕捉和儲存這些數據，並且當時已有的傳統工具也無法在有限時間內對其進行分析。然而，大數據的創新技術在許多方面表現出色，同時為決策提供了出色的支援。大數據技術背後的基本目標是降低硬體和計算成本，來分析可用於有效決策的大量資訊。被正確管理的大數據隨時可用、一致、安全且方便。因此，大數據被應用於不同的複雜科學領域，包括生物學、生物地球化學、醫學、基因學、天文學、大氣科學等，並且都發揮著極大的效用。

大數據技術的演進使我們能夠管理非常大容量的數據，而無需高成本的超級電腦。這些用於有效數據管理的工具和技術，包括 Simple DB、Google BigTable、非關聯式資料庫 (Not Only SQL, NoSQL)、Voldemort、MemcacheDB 和資料流管理系統（Data Stream Management System, DSMS）。然而，未來仍需持續開發特殊的工具和技術來儲存、訪問和分析大容量數據，目前流行的大數據工具和技術包括 Hadoop、MapReduce 和 Big Table，這些技術能有效、及時地處理大量的數據，且成本效益相當高。

Hadoop

Hadoop 是一個使用 MapReduce 模式並行處理數據的框架，其中整個工作被劃分為不同的任務或區塊，並分布在一組機器（集群）上。目前，Hadoop 被用於處理大量數據，藉由 Hadoop 框架，許多企業能夠高效地處理過去難以管理和分析的數據。

Hadoop 由不同的元件所組成，如 HBase、Kafka、HCatalog、Pig、

Oozie、ZooKeeper 和 Hive。然而，最被廣泛使用的元件是 Hadoop 分散式文件系統和 MapReduce。

圖 5.6 顯示了 Hadoop 的生態系統，以及各個元件之間的關係。

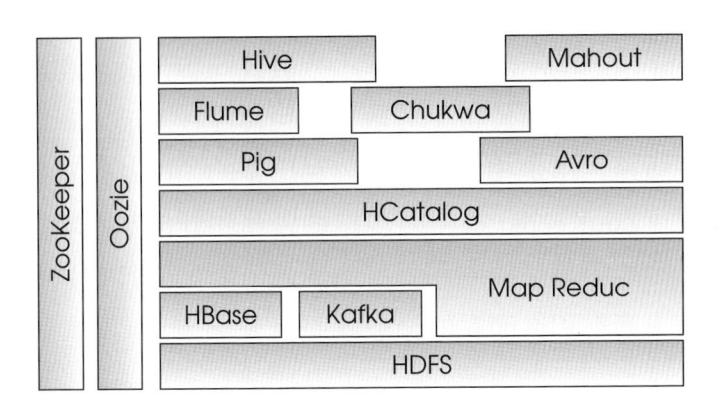

▷ 圖 5.6　Hadoop 生態系統

Hadoop 分散式文件系統

Hadoop 分散式文件系統 (Hadoop Distributed File System, HDFS) 是規劃在一般規格的硬體上運行，它具有高容錯性並提供高吞吐量。HDFS 支援主／從架構，HDFS 集群包括單個 NameNode（主服務器）和多個 Datanode（從節點）。NameNode 負責處理文件系統的命名空間，並控制客戶端對文件的訪問。文件被分為一個或多個區塊（每個 64 MB 大小），HDFS 將這些區塊儲存在 DataNodes 中。為了方便大量數據的並行處理，所有 HDFS 文件都會被多次複製。

HBase

HBase 是一個可擴展的數據管理儲存空間，仿照 Google 的 BigTable 做法。該系統旨在支援以欄為基礎的大型表格，進而提高性能。透過應用程式編程介面 (Application Programming Interfaces, APIs)，如 Java、Thrift

和 REpresentational State Transfer (REST) 來訪問 HBase，這些介面不具備自己的腳本或查詢語言。具體來說，HBase 完全依賴於 ZooKeeper。

ZooKeeper

ZooKeeper 是一個用於配置管理、分散式同步、命名和群組服務的協調服務工具。在過去，對於每個分散式應用程序，開發人員都不得不努力重新開發這些服務，這是相當耗時且容易出錯的，因為要正確地實現這些服務非常困難。ZooKeeper 使得實現這些服務和其他基本功能變得簡單容易，讓開發人員能更專注於應用程序的語義方面，而且它是唯一儲存配置資訊，並具有主節點和從節點的分散式服務。

HCatalog

HCatalog 執行 HDFS 管理，它負責儲存後設資料資訊 (metadata information)，並為大量數據生成表格。HCatalog 依賴於 Hive 的後設資料庫 (metastore)，透過使用數據模型整合了其他服務，這些附加服務包括 MapReduce 和 Pig。HCatalog 也可以透過這個數據模型進一步擴展到 HBase。HCatalog 是工具和執行平台之間的數據共享來源，它簡化了使用 HDFS 數據用戶之間的溝通。

Hive

Hive 是一個類似 SQL 的資料倉儲基礎設施，它建立在 Hadoop 之上。HiveQL 是它的查詢語言，由 MapReduce 編譯。從 Hive 的設計可以看出它是被用於管理和查詢結構化數據，由於專注於結構化數據，Hive 可以添加一些優化與可用性功能，這是像 MapReduce 這類更通用的工具所不具備的功能。Hive 基於三種相關的數據結構：分區、表格和桶 (buckets)，HDFS 目錄類似於表格，這些表格分布在不同的分區中，最終儲存在桶中。

Pig

Pig 是 Hadoop 的擴展，它透過提供高級資料處理語言，在維持 Hadoop 框架的可擴展性和可靠性之下，簡化了 Hadoop 編程。Pig 擁有自己的編譯器，該編譯器根據評估機制（Hadoop）編譯並運行語言腳本。Pig 可以處理各種數據，包括關聯數據、半結構化數據、非結構化數據，甚至是巢狀數據。Pig 透過提供複雜的資料類型，例如：有助於形成精細資料結構的袋子 (bag) 和元組 (tuple)，來支援這種多樣化的資料。

Mahout

Mahout 提供機器學習庫，並且具有高度可擴展性。為了實現大規模數據處理，它已經與 Hadoop MapReduce 模型緊密整合。Mahout 包含了許多機器學習演算法的實作，例如：單純貝氏分類 (Naïve Bayes)、k-means 聚類、推薦引擎、邏輯迴歸模型、隨機森林決策樹和協同過濾等。

Oozie

在任何 Hadoop 系統中，工作流程的管理和執行都由 Oozie 協調。它與其他 Hadoop 框架整合，例如：Distcp、Sqoop、Streaming MapReduce、Java MapReduce、Pig 和 Hive。Oozie 使用有向無環圖 (Directed Acyclic Graph, DAG) 來安排 Hadoop 任務。

Avro

Avro 框架支援數據序列化，並提供 Hadoop 所需的數據交換服務。使用 Avro，可以在任何編程語言所寫的不同程式之間交換大數據，數據可以使用數據序列化服務，高效地序列化到文件或訊息中。Avro 將數據及其定義一起儲存在一個訊息或文件中，使程式能夠動態理解儲存在 Avro 文件或訊息中的資訊。Avro 以二進制格式儲存數據，使其更加密集和高效，同時以 JSON 格式儲存數據的定義，從而使其便於讀取和解釋。Avro 文件中包含標記，用於將大型資料集分割為能夠進行 MapReduce 處理的較小子集。

Chukwa

Chukwa 是一個用於資料收集和分析的開源框架，它繼承了 Hadoop 的可擴展性和穩健性，因為它是建立在 HDFS 和 MapReduce 框架之上。分散式系統的數據由 Chukwa 收集和處理，然後儲存在 Hadoop 中。Chukwa 作為 Apache Hadoop 中的獨立模組，它還包括了一個強大的工具包，用於監控、顯示和分析結果，能夠更佳利用收集的數據。

Flume

Flume 通常用於在 Hadoop 中收集、聚合和移動大量的紀錄數據。Flume 的架構簡單，依賴於資料流處理，它具有可調節的可靠性和恢復機制，具有強大的容錯性和穩健性。它具有兩個通道，即數據源 (source) 和數據目的地 (sink)。系統紀錄和 Avro 文件包含在數據源中，而 HDFS 和 Hbase 則由數據目的地所引用。

表 5.2 總結了上面討論的各種 Hadoop 元件之功能。

在大數據研究中，大數據分析被定義為透過提取有用的幾何和統計模式，來分析和理解大型資料集特徵的過程。一般而言，當數據的容量、多樣性和速度增加時，現有的技術和科技在有限的處理時間內無法如預期運行。許多應用領域都面臨著大數據問題，包括網路流量風險分析、地理空間分類和商業預測。

新的科技可以幫助在各種應用中進行大數據分析，這些技術如 Hadoop 分散式文件系統、雲技術和 Hive 資料庫，可以結合在一起來處理大數據分類等問題。

CHAPTER 5　大數據：文本分類與主題建模

表 5.2　Hadoop 元件及功能

序號	Hadoop 元件	功能
1	HDFS	儲存與複製
2	MapReduce	分散式處理與容錯
3	HBASE	快速讀寫存取
4	HCatalog	後設資料
5	Pig	腳本編寫
6	Hive	SQL
7	Oozie	工作流程與排程
8	ZooKeeper	協作
9	Kafka	訊息與資料整合
10	Mahout	機器學習

然而，許多傳統的文本分類技術仍然可以用於處理大數據，一些代表性的方法包括支援向量機 (SVM)、簡單貝氏分類、決策樹等。

結論

本章討論了大數據文本分類、主題建模和基於上下文的學習技術，還介紹了關係提取和 GATE 工具。針對主題建模，討論了數學模型如潛在語義分析、機率式潛在語義分析和潛在狄利克雷分配，以及它們的缺點和限制。在情境建模中主要是討論構建情境的方法，在此過程，使用 WordNet 藉由路徑來確定相似類型詞語的兩個 Synset 間的語義關聯性，然後透過四種方式來確定語句相似性，包含語法相似性、語義相似性、共現相似性和語法關係相似性。最終，透過確定文本區塊中的連貫和非連貫語句，提取出情境，從而形成完整的情境。

選擇題（可複選）

1. 在多標籤文本分類中，一個文本文件：
   (a) 只屬於許多類別中的一個類別。
   (b) 屬於一個包含兩個類別之集合中的一個類別。
   (c) 可能同時屬於許多類別中的數個類別。
   (d) 以上皆非。

2. 利用超連結上下文，意味著：
   (a) 利用語言單元的本地鄰近文本資訊。
   (b) 利用直接提供在 HTML 文件結構中的相關提示。
   (c) 利用 HTML 文件中鄰近連結的資訊。
   (d) 利用散布在超連結之間的文本資訊。

3. 命名實體識別包括以下任務：
   (a) 提取人名。
   (b) 提取組織名稱（機構、行政組織、委員會等）。
   (c) 提取地點名稱（城市、國家等）。
   (d) 以上皆是。

4. 潛在語義分析指的是：
   (a) 將高維度的計數向量，例如：在文本文件的向量空間表示中出現的詞頻向量，映射到一個較低維度的表示，稱為潛在語義空間。
   (b) 以它們在語義空間中的接近程度來表示詞語和／或文件之間的語義關係。
   (c) 無法處理多義性。
   (d) 以上皆是。

CHAPTER 5　大數據：文本分類與主題建模

5. WordNet 使用什麼樣的測量來找到詞義之間的語義關聯性？
   (a) 基於路徑的。　　　　　　　(b) 基於資訊內容的。
   (c) 基於說明的。　　　　　　　(d) Jiang Conrath 方法。

概念回顧題

1. 請解釋什麼是文本探勘，並討論其相關應用。
2. 請描述什麼是文本分類並舉例說明。
3. 請描述上下文是什麼？並解釋什麼是上下文學習以及討論基於上下文學習的不同方法。
4. 請解釋命名實體關聯，並使用 GATE 工具，寫一個 JAPE 規則來提取因果事件關係。
5. 請解釋主題建模以及情境建模。
6. 請解釋知識庫 WordNet，並討論其應用。
7. 請討論大數據的五種數據特徵。
8. 請解釋用於處理大數據的工具和技術。

批判性思考題

1. 如何建立社交媒體文本數據的情境向量？
2. 如何從這些情境向量中建立上下文？

實作題

1. **問題陳述**：設計一個基於上下文的智能內容管理應用程式，用於推薦酒店、電影或購物中心等。

目標：

(a) 建立用戶檔案，以了解用戶的類型和興趣。

(b) 建立向用戶推薦的酒店、電影和購物中心本體 (ontology)。

(c) 文本訊息的命名實體識別。

(d) 建立關係提取模型，從文本訊息中提取關聯。提取上下文，如位置、日期、時間和用戶類型。

(e) 建立推薦的推理模型。

資料物件： 使用者資訊、位置、日期和時間的數據以及即時文本訊息。

輸出： 根據上下文，向用戶推薦附近的酒店、電影或購物中心。

挑戰： 文本訊息的命名實體識別。在特定的位置和日期，以連續時間模式，從短文本訊息中提取關聯。

建議的方法：

(a) 使用 GATE 工具進行命名實體識別。

(b) 使用規則探勘演算法從短文本訊息中提取關聯。

(c) 使用機率模型進行推理理論。

2. **問題陳述：** 根據主題進行推文分類，將推文分為三個類別：正面推文、負面推文和中性推文。

目標：

推文收集。首先預處理收集到的推文數據，並在向量空間中表示推文數據；進行特徵提取和選擇以構建正面和負面詞彙表；使用機率模型對推文進行分類。

資料物件： 文本形式的推文。

輸出： 將情感／類別與生成的每個輸入推文關聯起來。

挑戰： 理解推文的正面、負面和中性詞彙。

建議的方法：

1. 使用詞幹提取、停用詞刪除、標記化等預處理方法。
2. 使用標準的特徵提取和選擇技術，如詞頻、詞頻—逆文檔頻率等。
3. 使用簡單貝氏分類機率方法來推斷推文的正面、負面或中性。

多標籤大數據探勘

DR. SONAL DHARMADHIKARI
PROF. SHEETAL SONAWANE

6.1 前言

　　網際網路的廣泛使用導致文本資訊的大量出現,並以部落格、電子郵件、下載文獻、社交媒體上的群眾意見、網上新聞文章、醫療報告、機構組織的年度報告等形式存在,不論是小型或是大型的組織機構,文本數據都已被證明是其主要的資訊來源。文本文件是一個有著多種面向的物件,此外,因為文本的非結構化性質,通常導致其意涵變得模糊不清。從非結構化文本數據中探勘有用資訊的挑戰,正是那些尋找高效搜索、排序、分析的組織之首要任務,這些組織希望從每天儲存、創建的大量文本集合中提取相關資訊。使用傳統的資料庫和軟體方法處理來自各種來源、大規模的文本集合非常困難;而大數據分析在分析這種非結構化、異質、大量的文本數據時,也面臨著諸多挑戰,它需要對其進行系統性的組織和分類,以實現高效的儲存和檢索,其應用領域包括情感分析、電子郵件分類、新聞文章分類、作者身分生成、醫療保健、意見探勘、網頁分類、選舉過程的結果預測、數位鑑識、銀行業、安全性等。

　　透過觀察我們可以知道,這些模糊不清的文本物件通常代表著多標籤 (multilabelilty) 的性質。多標籤文本文件在自動化文本分類過程中,可能同時屬於多個概念的類別。例如:在自動分類在線新聞文章的過程中,一篇關於印度聯邦運動會醜聞事件的新聞可能同時被歸入體育、政治和國家──印度等類別；同樣地，一篇使用資料探勘方法的蛋白質合成研究論文，可能也同時代表著生物資訊學、電腦、生物技術和資料探勘等類別。多標籤非結構化探勘指的是對龐大的非結構化文本文件庫進行分析，以提取有意義的資訊，並找出每個文本物件關聯性最高的類別標籤。為了實現上述目標，各種基於統計、文本探勘、機器學習、資訊檢索和自然語言處理的實作方法被提出與使用。與多個類別相互關聯的特性，使得自動文本分類任務更具挑戰性，也因此多標籤分類問題相當受到關注，並在大數據情境下探勘大量非結構化數據時扮演著重要角色。

所以，將多標籤學習納入大數據分析是當前時代的需求。文本分析的概念和上下文的重要性在前面章節已經介紹過，而在大數據的背景下，處理多標籤數據對於各種應用來說是至關重要的。本章旨在介紹多標籤非結構化探勘生命週期中的各個重要階段，同時展示多標籤情境中基於圖形 (graph) 之資料表示和建模的各個重要面向。

6.2 多標籤非結構化文本探勘的各階段

多標籤問題在機器學習、資訊檢索和基於自然語言處理的研究中一直受到重點關注，但傳統的方法可能並不適用於大數據分析。文獻顯示，由於大數據分析中文本的高維度特徵和標籤空間，使得大數據分析在適配多標籤方法上有著巨大的挑戰性。除了高維度的特徵空間外，標籤數量的增加、標籤集合之間的關聯性以及從不同來源收集的文本集合之間的異質性，使大數據分析任務變得更加複雜。因此，多標籤非結構化探勘的過程分為六個階段，如圖 6.1 所示。這些階段分別是資料收集 (data collection)、資料處理 (data processing)、資料清理和轉換 (data cleaning and transformation)、資料表示和建模 (data representation and modelling)、探索式資料分析 (exploratory data analysis)、驗證和決策／預測回報 (validation and reporting decisions/predictions)。

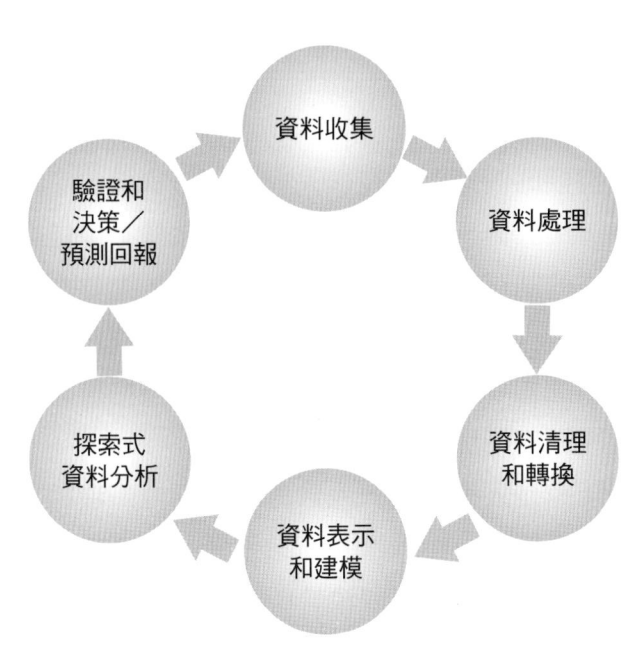

CHAPTER 6　多標籤大數據探勘

圖 6.1　多標籤非結構化探勘的各個階段

　　由於在大數據情境中，數據可能來自不同的來源，資料收集階段即負責從所有不同的來源收集數據；收集到的數據需要進行處理，以滿足處理數據的應用程式所需的形式，這便是資料處理階段負責的任務；而由於來自不同的來源，文本數據可能會受到雜訊的汙染，此時這些雜訊需要透過資料清理和轉換階段來移除，然後以高效的儲存和處理角度轉換成簡化的形式；隨後在資料表示和建模階段，文本數據與標籤以某種方式表示，以便能夠正確的預測商業決策；接下來再應用各種機器學習演算法進行探索式分析；最後，這些決策會根據其正確性進行評估，並藉由各種全面的圖表來傳達評估的結果，再進一步用於商業智慧流程。後續章節將詳細探討上述各階段。

資料收集

與大數據相關的組織機構，其績效表現將隨著有效的資料收集方式有所提升，因為他們的商業決策在很大程度上是根據收集的資料而定。例如：在銀行業中，用於分析的數據通常是交易數據，像是客戶使用銀行簽帳金融卡和信用卡的購買歷史紀錄、客戶的貸款、還款歷史紀錄、客戶每日的交易紀錄等。管理人員可以提出問題，比如根據過去的紀錄，新推出的信用卡方案應該通知哪些客戶，並且可以實時獲得答案，而這些答案可以用來幫助制定短期商業決策和長期規劃。

無論是小公司還是大型企業，大數據收集都是一項相當重要的工作。透過優化的資料收集過程，可以增強商業智慧。組織收集所需數據的方式有很多種，數據收集的策略主要取決於所使用的技術類型。

通常許多組織與機構會利用網際網路收集來自客戶的數據，大數據的收集過程可能使用諸如網際網路技術、GPS系統、移動技術、客服中心紀錄、社交網站的訪問模式、客戶評論和反饋、客戶需求等方式。對於數據科學家來說，整合這些來自不同來源的數據，以進行大數據分析是理所當然的，因為來自組織內部各個地方的數據需要共享一個共同的格式，以進行高效的處理。想像一下，多樣化的數據來源，例如：客戶姓名的字符分配與資料類型、客戶出生日期的表示格式、不同貨幣單位的使用（例如：美元對上盧比）、冗餘的客戶資訊等，可能會導致嚴重的不一致性。

資料處理

資料的預處理步驟通常會套用在各種機器學習演算法之前，對數據來進行處理。在多標籤文本探勘中的文本處理元件負責將文本文件轉換為後續階段可以使用的形式，一般來說，文件會以特徵向量的形式來表示，很顯然地，資料處理階段最終會生成大量的特徵。此外，每個特徵都會被賦予權重，以描述類別標籤，索引元件會為每個特徵分配權重值。未經處理或處理不當的文本集合可能會導致不正確的決策,據我們觀察,一個成功的決策過程,很大程度上取決於資料處理階段。目前已有如 Hive、Pig 和 Mahout 等基於 Hadoop 的框架,可用於數據處理,並採用 Map-Reduce 範例實作。

資料清理和轉換

正如之前討論的,由於在處理步驟中生成了大量的特徵,多標籤文本探勘過程可能會受到維度災難 (curse of dimensionality) 的影響。維度災難是由於大量特徵存在而產生的,其中許多特徵可能對於決策來說毫無關係或是多餘;此外,這些無關和多餘特徵的存在會造成混亂的資料表示和模糊的描述類別標籤,使探勘過程變得複雜。因此,資料清理階段的目標便是刪除這些多餘的特徵,轉換階段則試圖將原始特徵集轉化為新的表示形式,以期能在進行儲存或檢索時提高效率。特徵提取 (Feature Extraction, FE) 和分析常在資料清理及轉換階段中被使用,透過縮減原始的巨大特徵空間並保留有關特徵來解決上述問題。典型的圖形識別系統 (pattern recognition system) 中,所採用的特徵分析過程分為兩個步驟,即參數提取和特徵提取,如圖 6.2 所示。模式分類相關的資訊以 p 維度參數向量 X 的形式從輸入數據中提取出來,在特徵提取步驟中,參數向量 X

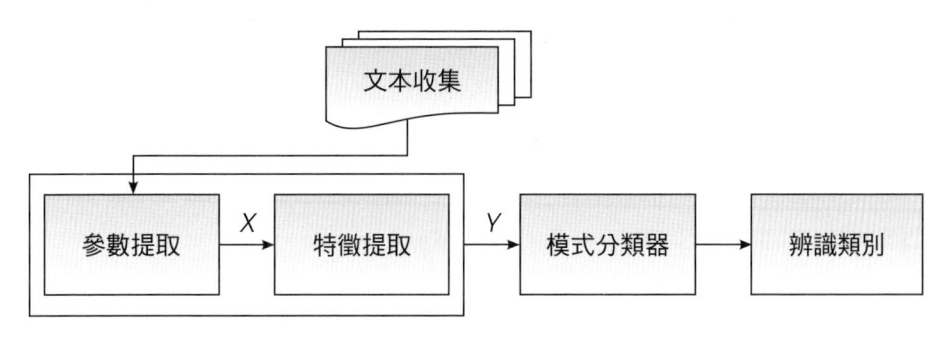

圖 6.2 圖形識別系統中的特徵分析

會被轉換為具有維度 m ($m < p$) 的特徵向量 Y。參數向量的維度通常非常高，需要縮減維度以減少計算成本和系統複雜性。在大數據的情況下，存在大量不斷增長的 p 維度參數向量，因而需要在轉換階段中進行特徵提取和分析操作。

更具體地說，在多標籤文本探勘的背景下，文本收集 (text collection) 會作為參數提取階段的輸入，且在參數提取階段，會進行標記化、停用詞刪除、詞幹提取、詞形還原、詞權重計算等操作。過濾後的特徵向量為參數 X，作為特徵提取階段的輸入，該階段會將 X 轉換並生成簡化的特徵集 Y，簡化後的特徵集會在分類器訓練階段中被使用，並據此對測試文件的類別標籤進行預測。

現今存在著各種廣為人知的特徵提取技術，可以從輸入資源中提取特徵，這些資源包括文本、圖像、蛋白質合成數據等。傳統的特徵提取技術包括主成分分析、線性判別分析、費雪判別分析、潛在語義索引、非負矩陣分解等，但我們會發現，大多數特徵提取方法並不適用於多標籤領域，因為一個文本或圖像可能會關聯到多個標籤；在此我們將對上述的特徵提取技術進行簡要介紹。

最具主導性的特徵提取技術是主成分分析 (Principal Component Analysis, PCA)，它將數據轉換為一個簡化的空間，並捕捉了數據中的大部分變異性。它使用正交轉換技術來對一組觀察到可能相關的變數進行轉換。主成分分析的結果通常是以成分或因子分數與負荷值的形式進行討論，然而，主成分分析是一種非監督式的技術，即在轉換過程中並不考慮類別標籤。主成分分析將數據投影到變異性最大化的單一維度上，但在這個維度上，兩個類別可能無法清楚分離。相較之下，線性判別分析則致力於尋找可將不同類別進行最大化分離的轉換。

線性判別分析 (Linear Discriminant Analysis, LDA) 的目標是透過將各個類別的樣本，從 p 維空間投影到一條精細定位的線上，來分隔這些類別。而和線性判別分析類似，費雪判別分析 (Fisher Discriminant Analysis, FDA) 也是一種用於降低維度的知名技術，藉由最大化類別之間的散布程度，同時最小化每個類別內部的散布程度來實現，從而獲得最佳的費雪判別向量，最後再使用映射樣本的內積來計算投影向量。然而，在擴展到多標籤領域時，轉換過程的計算變得密集，需要大量的計算。

潛在語義索引 (Latent Semantic Indexing, LSI) 也是使用無監督式的降維方法進行實作。對於潛在語義索引的應用，首先是將文件轉換為向量空間模型 (Vector Space Model, VSM) 形式，然後執行奇異值分解 (Singular Value Decomposition, SVD)，以找到具有較大特徵值的子特徵空間。由於潛在語義索引無法納入更多的額外知識，然而該需求在多標籤環境中則相當普遍，因此，過去幾年多標籤潛在語義索引 (Multi-Label Latent Semantic Indexing, MLSI) 迅速崛起，它是潛在語義索引的擴展。多標籤潛在語義索引保留了輸入的資訊，同時捕捉了多個輸出之間的相關性，因此，還原的潛在語義會納入人工標註的類別資訊，可以顯著提高預測準確性。但是，當應用於整個訓練集時，多標籤潛在語義索引卻會忽略類別的區分資訊。

非負矩陣分解 (Non-negative Matrix Factorization, NMF) 也被視為一種有效的無監督式特徵提取技術，用於分析非負數據（如圖像和文件）的潛在結構。它在基數和係數中強加了非負條件，提供了一個由非負元素因子組成的低秩近似。非負矩陣分解提供了一種只需要運行加法運算，更直觀且有意義的分解。此外，非負矩陣分解也能夠成功地擴展到多標籤的範例中。

資料表示和建模

處理和轉換後的特徵需要進行表示和建模，以促成有效的決策或預測。表示文本文件的方法有很多種，例如：詞袋模型 (Bag-Of-Words,

BOW)、*N*-gram 表示、向量空間模型、基於圖形的模型、基於張量的模型等。在詞袋模型中，向量的每個元素代表了文件中單詞的存在或缺失，透過二進制或詞頻—逆文檔頻率 (Term Frequency–Inverse Document Frequency, TF-IDF) 索引來表示。在這個模型中，一段文本（比如一句話或一個文件）被表示為一個無序的單詞集合，且不考慮語法和單詞的順序。這個模型易於實現且簡單易懂，它保留了文件中單詞的頻率，捨棄了資訊的順序。一些研究表明，由於其簡單性，詞袋模型的表示方法在許多情況下表現出色。

N-gram 表示法用來表示較長字符串的 *n* 個字符所組成的片段，在多單詞字符串中，單詞邊界 (word boundary) 透過空格來識別。該表示法保留了單詞的序列資訊，且不需要語言相關的知識，並提供一種簡單描述文件的方法。我們能夠發現，在此模型中會產生高維向量，因此需要大量的儲存空間，並具有計算複雜性，可能會導致過度擬合或使強大的分類工具失效。

在向量空間模型中，文本被視為一個詞袋。向量空間模型是一種代數模型，它將文本文件表示為標識符的向量，因此在向量空間模型中，文本文件會以向量的形式呈現。當向量空間模型被用於大量文件時，會創建詞語的詞彙表，詞語在文件中的出現頻率被用作文件向量中相應維度的值。同時，它是一種單向表示，這意味著可以從文件創建向量形式，但無法從其向量重建文件。在向量空間表示中，會失去詞語在文件中出現順序的資訊。基於張量空間模型 (Tensor Space Model, TSM) 的表示，是使用多重線性代數的高階張量對文本進行建模，而非使用傳統的向量。張量空間模型能透過高階奇異值分解 (High Order Singular Value Decomposition, HOSVD) 來進行降維，且能夠識別文件的潛在結構，從而提高分類的性能。

儘管前述的傳統資料表示模型都很受歡迎，但它們並不能有效地探索文件與標籤之間的關係，而在多標籤探勘中，這一點是非常重要的。因此，在需要考慮關係的多標籤應用中，基於圖形(graph-based)的方法通常更受歡迎，因為它們能夠探索關係。考慮到在多標籤情境中圖形表示的重要性，我們隨後會詳細探討它們。

探索式資料分析和決策回報

大數據的探索式分析是從大量且多樣數據的原始型態中探勘相關資訊，在多標籤數據的情境下，需要定義一個數據和標籤模型，以突顯每個元素在其他元素背景下的含義。在探索式資料分析階段，通常會使用傳統基於機器學習的演算法來分析數據，並根據用戶的要求回報結果。多標籤演算法如分類器鏈(classifier chains)方法、基於剪枝集(pruned set)的方法、多標籤決策樹（如C4.5）、ML-kNN、基於整合的學習方法等，可用於對數據進行分析。然而，為了擴展它們對於大數據的有效性，需要考慮到一些問題，如迭代能力、適應增量式標籤的能力、有效儲存和檢索管理等。為了實現這一點，通常會將上述多標籤演算法與大數據分析工具進行整合，例如：商業智慧工具、資料庫內分析、Hadoop、甲骨文(Oracle)高級分析工具等。

6.3 基於圖形的模型

在考慮如何應用關係來提高探勘和決策性能的應用中，基於圖形的表示法相當有用。在此表示法中，一組文件以圖形的形式表示，其中文件作為節點或頂點，它們之間的關係則以連結或邊(edge)表示；同樣地，標籤也被表示為節點，它們之間的相似性，代表它們之間的連結關係。大多數情況下，圖形會進行加權，並使用餘弦或基於核心相似度的測量，來計算兩個文件之間邊的權重，表達出文件與其相應詞語之間的關係。然而，圖形結構帶來了儲存和檢索速度方面的重大挑戰，這些挑戰在大數據分析中相當常見，因為數據可能會從不同地方收集或儲存，並以不同的格式存在。為了達成高效儲存的目的，圖形的構建和最佳表示法在大數據中是非常重要的。接著我們會在此觀點下描述圖形的構建階段。

6.3.1　多標籤圖形建構

　　圖形表示中的一個關鍵步驟，是透過將數據轉換為加權圖形來進行圖形構建。已標籤和未標籤的文本樣本在圖中作為頂點，而它們之間的加權邊由數據樣本之間的相似度分數表示。在多標籤的情境中，一部分已標籤的頂點會被用於標籤預測階段，來預測未標籤頂點的標籤。我們能夠觀察到，圖形構建方法在多標籤探勘處理效能上舉足輕重。圖形構建的基本步驟如圖 6.3 所示。

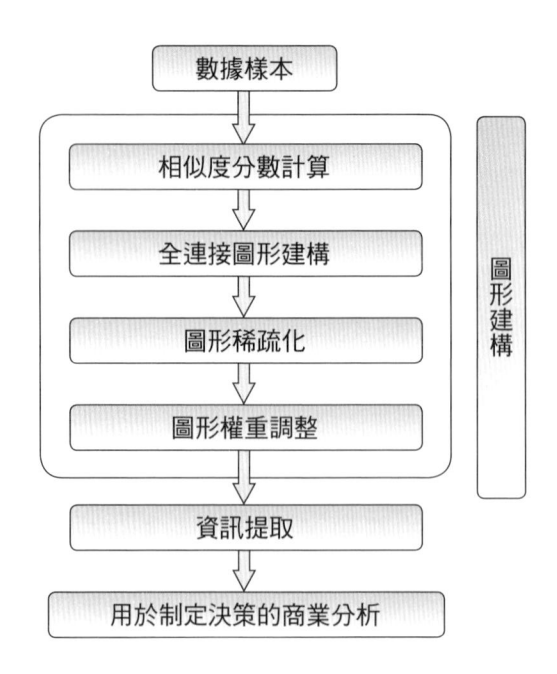

圖 6.3　圖形建構的基本步驟

已標籤和未標籤的文本樣本作為圖中的頂點，接著計算圖中所有頂點兩兩之間的相似度得分，由此構建了一個全連接的加權圖形。然而全連接加權圖形的儲存和檢索計算成本高昂，在此情況下，會接著進行圖形稀疏化的步驟。圖形稀疏化在圖形構建中扮演著重要角色，負責對頂點或邊進行抽樣，以構建一個更小的全新圖形來代表原始圖形，從而提高儲存和檢索時間效率。圖形稀疏化可以分為兩種類型：第一種為基於鄰域 (neighbourhood) 的方法，如 kNN、$\in$-鄰域；第二種為基於匹配的方法，如 b-matching。kNN 圖形連接了 k 個最近的樣本，而 $\in$-鄰域則連接了距離 $\in$ 內的樣本。b-matching 圖形中的每個頂點都會具有 b 條邊，能夠生成更穩固且平衡的圖形。

接著會對邊進行權重調整，以生成最終的邊權重集合。這能夠將未標籤的文本數據樣本轉換成一個以鄰接矩陣表示且加權的稀疏無向圖 (sparse undirected graph)。其中生成的圖形和標籤資訊會在後續的資訊提取階段中被使用，以預測未標籤數據和測試數據的標籤集合。我們觀察到的稀疏化相當重要，因為它能夠提高效率，使決策制定階段能有更好的準確率，且在面對雜訊時更加穩定。

多標籤圖形構建的目的不只是在生成文本圖形，還強調藉由創建標籤圖形來探索標籤關係，如圖 6.4 和圖 6.5 所示。這個過程首先透過計算每對特徵向量之間的相似度得分，來創建全連接的密集圖形；隨後，新創建的文件圖形被稀疏化並調整加權，以改善密集文件圖形的時間和儲存空間需求；接著使用適當的相似度測量來計算每對標籤向量之間的相似度，生成全連接的加權標籤圖形，該圖也經稀疏化和調整加權；最後，加權且稀疏化的文件與標籤圖形可用於提取相關資訊，並進行決策制定。

```
         ┌─────────────┐
         │ 文件特徵向量 │
         └──────┬──────┘
                ↓
  ┌───────────────────────────────┐
  │ 透過相似度測量創建全連接加權圖形 │
  └───────────────┬───────────────┘
                  ↓
  ┌───────────────────────────────┐
  │          圖形稀疏化            │
  └───────────────┬───────────────┘
                  ↓
  ┌───────────────────────────────┐
  │          圖形權重調整          │
  └───────────────┬───────────────┘
                  ↓
  ┌───────────────────────────────┐
  │            文件圖形            │
  └───────────────────────────────┘
```

👉 **圖 6.4　文件圖形創建的基礎流程**

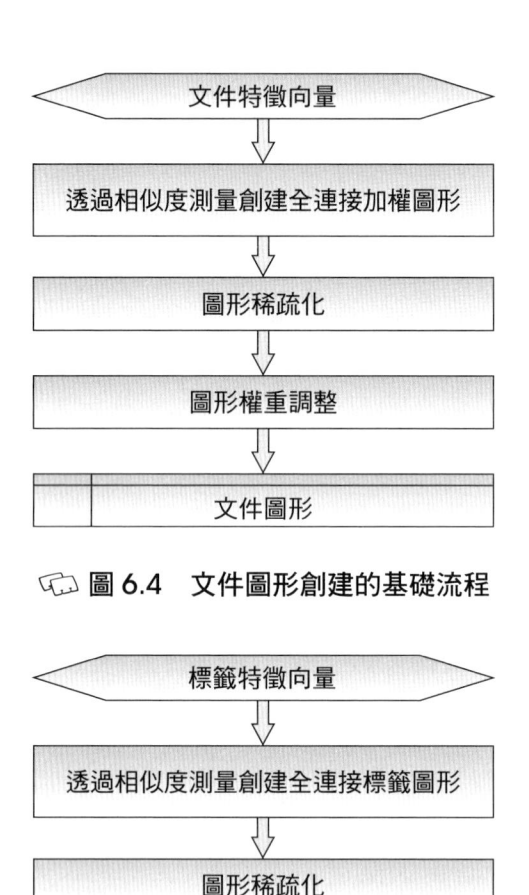

```
         ┌─────────────┐
         │ 標籤特徵向量 │
         └──────┬──────┘
                ↓
  ┌───────────────────────────────┐
  │ 透過相似度測量創建全連接標籤圖形 │
  └───────────────┬───────────────┘
                  ↓
  ┌───────────────────────────────┐
  │          圖形稀疏化            │
  └───────────────┬───────────────┘
                  ↓
  ┌───────────────────────────────┐
  │          圖形權重調整          │
  └───────────────┬───────────────┘
                  ↓
  ┌───────────────────────────────┐
  │            標籤圖形            │
  └───────────────────────────────┘
```

👉 **圖 6.5　標籤圖形創建的基礎流程**

　　透過上述策略，在多標籤文本探勘的過程中，會以文件和標籤圖形來保存關係的資訊。但在將其擴展到大數據的環境時，需要考慮許多額外因素，並以此選擇圖形的表示方法。圖形表示方法可能會根據應用、標籤的性質、文件和標籤的大小等因素而有所不同，下一小節即針對傳統的圖形模型及其應用領域進行介紹。

　　舉例來說，銀行系統每天會透過傳統銀行、行動銀行和網路銀行，處理數百萬筆的客戶交易，而一個具唯一性的客戶ID可能與多個標籤關聯，例如：儲蓄帳戶、房屋貸款帳戶、汽車貸款帳戶、國民年金帳戶等。在此抽象層次上，根據生成的查詢，客戶可能屬於不同的標籤集；換句話說，為了達到了解客戶(know your customer)的要求，單一客戶可能與多個標籤相互關聯。然而，在處理房屋貸款帳戶的信貸資訊時，該名客戶的查詢可能需要在不同分支機構處理，在這種情況下，房屋貸款標籤反過來又與多個屬性關聯，例如：利率、貸款金額、貸款期限等。

　　相同情形可能也會發生在分析來自於社交網站、部落格、報章評論、現場反饋等之影評，來嘗試了解觀眾對於電影的觀感。一部電影可能會被賦予多個標籤，如有趣的、優秀的、極好的、極糟糕的、普通的等，所有的評論都會在時刻間產生大量的文本資訊。而在基於這些評論進行某種預測時，集群內部與集群間存在的關係，可能為預測提供有價值的觀點。如青少年對一部電影的評論可能與成年人不同，許多與此類似的情景不僅強調了多標籤探勘，若在關係得到妥善探索的情況下還能生成更準確的預測。為此，我們在接下來的部分描述了用於關係探索的各種代表性圖形建模和表示方法。

6.3.2　傳統的圖形建模方法

　　文本文件中的元素，如詞語、短語、句子和段落，能夠透過各種關係與其他元素相互聯繫。元素之間的關係有助於維持、保留文本內容的整體含義和論述的統一性。許多文本文件的應用可以使用圖形來建模，圖形資料結構是一種強大的文本文件表示法，用以展示文本元素之間的關聯性，並呈現出文本文件的含義和結構。

$$G = \{\text{頂點}, \text{邊關係}\}$$
$$\text{頂點} = \{F, S, P, D, C\}$$

其中，$F = $ 特徵詞，$S = $ 句子，$P = $ 段落，$D = $ 文件，$C = $ 概念。

$$F = \{t_1, t_2, t_3, \ldots t_n\}$$
$$S = \sum_{i=0}^{n} t_i$$
$$P = \sum_{i=0}^{n} s_i$$
$$D = \sum_{i=0}^{n} p_i$$
$$DC = \sum_{i=0}^{n} d_i$$

$$\text{邊關係} = \{\text{結構}, \text{語法}, \text{語義}\}$$

兩個特徵詞之間的邊關係可能會根據圖形的上下文而有所不同。

1. 在一個句子、段落、部分或文件中共同出現的詞語。
2. 句子、段落、部分或文件中常見的詞語。
3. 在固定的一段區間中 n 個詞語的共現 (co-occurrence)。
4. 語義關係：詞語間具有相似的含義、拼寫相同但含義不同的詞語、相反的詞語。

圖形模型的研究可分為以下兩個部分：

1. 如何從文本文件建立圖形。
2. 在文本圖形上進行哪些計算。

6.4 圖形表示法

在預處理數據樣本之後，我們將藉由能夠代表文件的特徵來建立圖形。在標準的文件向量表示模型中，被丟棄的詞語出現的位置、順序、接近性，在圖形模型中會被保留下來，接著我們將對網頁文件和文本文件的圖形建構進行描述。

6.4.1 網頁文件的結構表示法

一個網頁中通常會包含著如導引、裝飾、互動和聯絡資訊等，各種跟網頁主題無關的內容，此外，還會包含多個彼此間不一定相關的主題。因此，檢測網頁的內容結構，對於提高網頁資訊檢索的效能會有所幫助。

標準表示法

在標準表示法中，我們將其定義為三個部分，分別是標題 (title)、連結 (link) 和文本 (text)。標題包含與文件標題相關的文本，以及任何提供的關鍵詞（後設資料）。連結是出現在文件中超連結的錨點文字 (anchor text)；文本包括了文件中可見的任何文本（其中包括了超連結文本，但不包括文件標題和關鍵詞中的文本）。

藉由這種表示方法，圖形可以得到文本的結構資訊（單詞的位置、相對位置）

接著我們以一個簡短的英文網頁文件標準圖形表示為例，其標題為「\SPORT NEWS」，有著一個連結的文本為「\MORE NEWS」，文本並包含著「\ENGLAND FOOTBALL NEWS」。如圖 6.6 所示，其中 TL 表示標題部分，L 表示超連結，TX 代表可見文本。文件中共出現五個單詞：「\SPORT」、「\NEWS」、「\MORE」、「\INDIAN」、「\CRICKET」，對應到圖形中的五個節點，而圖形中的四條邊則表示了文件中單詞之間的

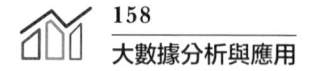

關係。

例如：有一條從「\SPORT」到「\NEWS」的邊，標有「\TL」代表著在標題部分，「\SPORT」緊接於「\NEWS」之前。

簡單表示法

不考慮標題或後設資料，並且圖形中的邊並沒有被標籤。

N-距離表示法

串聯的詞彙之間透過邊相連，而邊上標有兩者間的距離。

圖 6.6(a)、(b) 和 (c) 展示了這三種表示法。

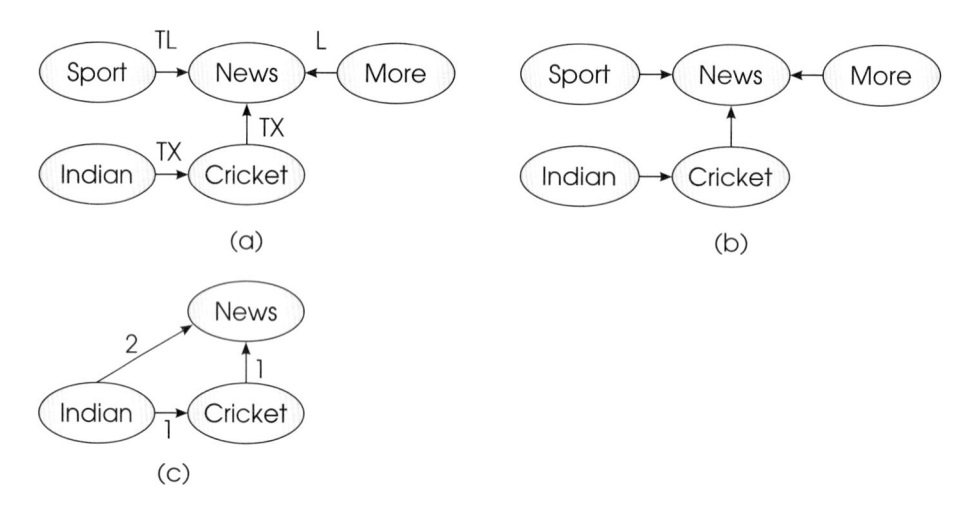

☞ 圖 6.6　(a) 標準表示法 (b) 簡單表示法 (c) *N*-距離表示法

絕對頻率表示法

對於節點而言，這種表示法代表著相關詞彙在網頁文件中出現的次數。對於邊而言，這種表示法代表著兩個相連詞彙按照指定順序相鄰出現的次數。

相對頻率表示法

這種表示法與絕對頻率表示法相同，但對節點和邊的頻率值進行了正規化處理。

6.4.2 文本文件的結構表示法

表示法會參考經過預處理的文件，其中每個單字都會被視為給定詞彙的潛在特徵，而所有接近該詞的詞彙，都會被視為相依詞彙。這些關係會由一組邊來表示，這些邊將詞彙與詞彙相連接，區間大小 (window size) 通常設定為 2、4、6、8。

例文：影像處理指的是使用數學運算來處理圖像的過程，會應用到各種形式的訊號處理，而其輸入的是一張圖像，如照片或影片中的一幀畫面；影像處理的輸出可以是一個圖像，也可以是與圖像相關的一組特徵或參數。

例文的結構如圖 6.7 所示，這種表示法在進行文本分類任務時表現出色，且該分析相較於傳統使用詞頻的方法降低了錯誤率。

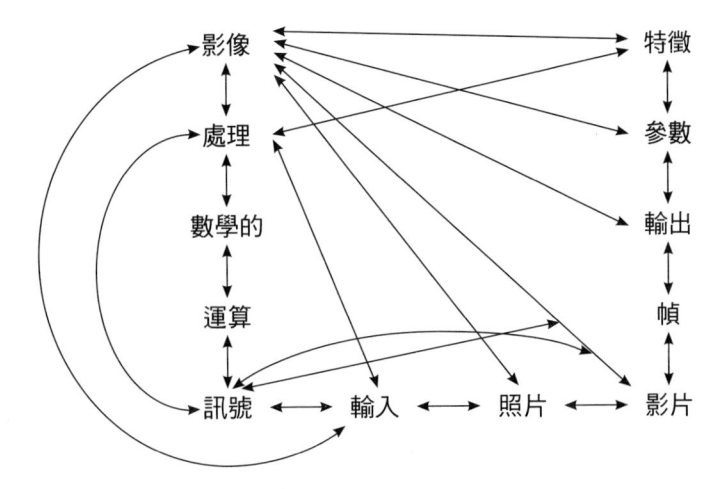

圖 6.7　區間大小為 2 所繪製的例文示意圖

6.4.3 使用語法的文本文件表示法

這種表示法使用了詞語的語法，包括使用圖形編碼單詞和標記之間依賴關係的詞性標記，詞性標記會自動分配詞性給詞語，而幾乎所有的文本處理任務都需要詞性標記。

6.4.4 使用語義的文本文件表示法

除了僅使用詞語和詞語之間的關係之外，最近還有許多新穎的方法被提出。其中一種方法是使用概念圖形來捕捉詞語之間的語義關係。概念圖形包括兩種節點，即概念 (concepts) 和關係 (relation)。關係節點表示事件概念的語義角色，如有一句子：「約翰穿著牛仔褲」，其概念圖形如圖 6.8 所示。

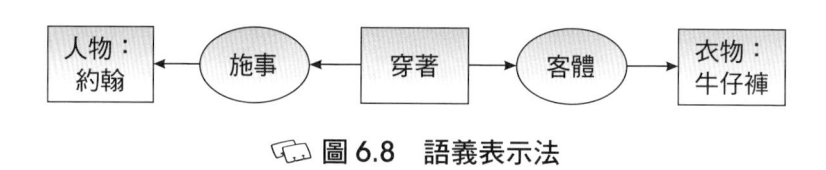

圖 6.8 語義表示法

在圖中，概念以矩形表示，而關係則以橢圓形表示。在當前的上下文中，約翰和牛仔褲分別扮演了施事 (agent) 和客體 (object) 的語義角色。

6.4.5 語義類別

將文本表示為圖形的主要應用之一是語義類別的構建，語義類別的構建是透過自動提取屬於特定語義類別（如動物、水果）的所有元素來完成的。用於提取語義類別的範例圖形，可見圖 6.9 所示。

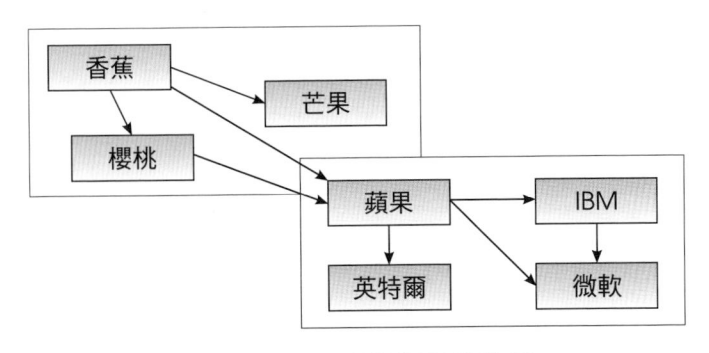

◁ 圖 6.9　語義類別的範例

6.4.6　語義網路

　　語義網路或概念網路（圖 6.10）是一個圖形，其中頂點代表概念，邊表示概念之間的關係。在語義網路中使用的概念間之關係：

- **同義詞 (synonym)**：概念 A 表達與概念 B 相同的事物。
- **反義詞 (antonym)**：概念 A 表達與概念 B 相反的事物。
- **局部詞 (meronym)**、**整體詞 (holonym)**：概念之間的部分屬於 (part-of) 和擁有部分 (has-part) 關係。
- **下位詞 (hyponym)**、**上位詞 (hypernym)**：包含兩個方向概念之間的語義範圍。

範例圖形可見圖 6.10。

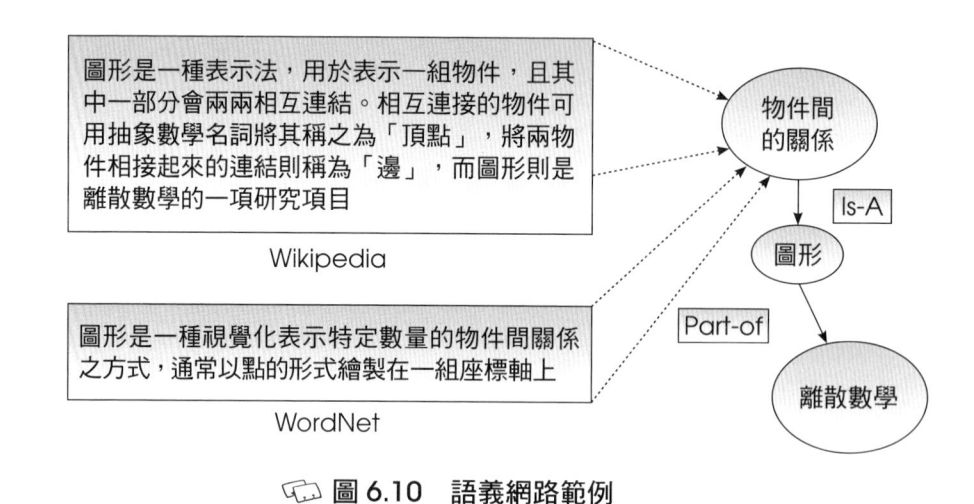

```
┌─────────────────────────────────┐
│ 圖形是一種表示法，用於表示一組物件，且其 │
│ 中一部分會兩兩相互連結。相互連接的物件可 │
│ 用抽象數學名詞將其稱之為「頂點」，將兩物 │
│ 件相接起來的連結則稱為「邊」，而圖形則是 │
│ 離散數學的一項研究項目              │
└─────────────────────────────────┘
           Wikipedia
┌─────────────────────────────────┐
│ 圖形是一種視覺化表示特定數量的物件間關係 │
│ 之方式，通常以點的形式繪製在一組座標軸上 │
└─────────────────────────────────┘
           WordNet
```

圖 6.10　語義網路範例

6.5　使用圖形模型進行文本操作

一旦將文本文件建模為圖形，就可以應用不同的圖形方法來測量圖形和文本文件的各種特性。本節概述了應用於各種文本上的圖形方法。

6.5.1　語句和分支度的中心性

語句之間的相似性，被視為判斷語句間關聯性的一種方式。語句中心性用於將語句進行分群，而對於顯著相似的情況，使用分支度的中心性則有助於對文件進行摘要。

$$\text{idf} - \text{modified} - \text{cosine}\,(x, y) = \frac{\sum_{w \in x,y} tf_{w,x} tf_{w,y} (\text{idf}_w)^2}{\sqrt{\sum_{xi \in x}(tf_{xi,x}, \text{idf}_{xi})^2 \times \sum_{yi \in y}(tf_{yi,y}, \text{idf}_{yi})^2}}$$

其中，$tf_{w,s}$ 是詞語在句子中出現的次數，且為逆文檔頻率。

6.5.2 圖形的拓樸性質

文件中詞彙的共現代表其在 n 個詞彙間的關聯性,且在構建圖形時可用作關係。圖形的拓樸性質,例如:分支度分布 (degree distribution)、平均路徑長度和聚類元件,這些性質將有助於對文件進行排名。

平均分支度 (average degree):

$$\partial(G) = 2\frac{E(G)}{V(G)}$$

平均路徑長度是頂點數量與其分支度總數的比值:

$$l(G) \approx \frac{\ln(|V(G)|)}{\ln(|\partial(G)|)}$$

頂點 v_i 的聚類元件:

$$c(v_i) = \frac{2E(v_i)}{\partial(v_i)[\partial(v_i) - 1]}$$

平均聚類元件:

$$c(G) = \frac{\partial(G)}{|V(G)|}$$

其中,$\partial(G)$ 代表圖形 G 的平均分支度數,$|E(G)|$ 代表圖形 G 中邊的數量,而 $|V(G)|$ 代表圖 G 中頂點的數量。而 $E(v_i)$ 則表示連接到節點 v_i 之直接鄰邊的數量。

6.5.3 本地與全域的詞權重

將語句中詞彙的共現視為關聯性，而非使用在 n 個詞彙內的共現，分支度中心性和接近度中心性用於找到詞語的本地和全域的詞權重，而這個過程會與詞頻和逆文檔頻率有關。該概念被應用於文本分類，並被認為是替代傳統 TF-IDF 方法的更佳方法。

$$IC-ICC_{t,d} = \frac{TC_{t,d}}{CC_t+1}$$

其中，$TC_{t,d}$ 代表詞彙在文件 d 內的中心性，而 CC_t 則代表詞彙 t 在由整個文集所構建之圖形內的中心性。

6.5.4 網頁排名瀏覽者模型

一個基於圖形的排名演算法，可以整合從給定頂點跳轉到圖形中另一個隨機頂點的機率，從而實現隨機瀏覽者模型。

$$S(v_i) = (1-d) + d * \sum_{j \in \ln(v_i)} \frac{1}{|\text{out}(v_j)|} S(v_j)$$

$\ln(v_i)$ 指向其前一頂點，而 $\text{out}(v_i)$ 指向其後一頂點，且阻尼係數 (damping factor) 設為 0.85。

這種方法適用於詞義消歧上，其中使用 WordNet 與句子中其他詞語的關係來找出詞義的排名。在解決文本分類問題的實際應用上，其呈現的結果相當令人滿意。

6.5.5 加權頻繁子圖形探勘

加權頻繁子圖形探勘 (Weighted frequent sub-graph mining, W-gSpan) 在選擇圖形表示中最重要的結構方面是非常有效的，且此結構可用作分類的輸入。圖形 G 的支持計數，表示相對於文件 D 而言圖形 G 的支持度。

$$\sup(G) = \frac{\mathrm{sco}(G)}{n}$$

相對於 D 而言，G 的加權支持度為

$$W\sup(G) = W(G) \times \sup(G)$$

6.5.6 圖形的詞權重

以下為藉由不同的圖形理論性質來描述圖形中的詞權重：

- **文本排名 (TextRank)**：一個給定詞與越多的詞彙同時出現，這些詞彙的權重就越高，該給定詞的權重也會越高。
- **文本連結 (TextLink)**：一個給定詞與越多的詞彙同時出現，該給定詞的權重就越高。
- **詞性排名 (PosRank)**：一個給定詞與越多詞彙同時出現，並且在語法上有關聯，這些詞彙的權重就越高，該給定詞的權重也會越高。
- **詞性連結 (PosLink)**：一個給定詞與越多詞彙同時出現，並且在語法上有關聯，該給定詞的權重就會越高。

當這些圖形中的詞權重被用於檢索時，會將它們整合到排名函數中，而該函數會根據查詢對文件進行排名。表 6.1 為各種圖形分析方法及適用的文本操作。

表 6.1　應用於各種文本分析的圖形分析方法

方法	應用
圖形聯集	文件合併
頂點排名	詞彙／語句權重
圖形特徵如分支度、聚類元件	文本分類、文本摘要、新奇檢測
網頁排名隨機瀏覽者模型	語義查詢
子圖形	文本分類、問答系統
圖形匹配	抄襲偵測

結論

　　至今為止多標籤問題在機器學習、資訊檢索和自然語言處理的相關研究中受到了相當大的關注。而在大數據分析中出現的各種問題，例如：存在於特徵和標籤空間中的高維度、標籤數量的增加、標籤集合之間的相互關聯性、從各種文本來源收集的文本集合之間的異質性，都是多標籤方法應用於大數據分析上的重大挑戰。事實上，這也使得多標籤大數據探勘的任務變得更加複雜。本章即透過探討多標籤探勘的各個階段（資料收集、資料處理、資料清理和轉換、資料表示和建模、探索式資料分析、驗證和決策／預測回報），試著找尋此一挑戰的解決方案。本章也強調了對於合適文本表示方法的需求，以及圖形表示方法的重要性。圖形表示法將詞彙表示為節點，將關係表示為邊，這些關係可以是共現、語法、概念或語義上的相關聯。圖形分析方法，如交集、聯集和拓撲性質，對於不同應用中的各種文本分析而言都非常有效。本章還提供了各種圖形的表示方法，並附有研究案例和範例，為多標籤大數據領域的研究者們提供了新的觀點與見解。

CHAPTER 6　多標籤大數據探勘

選擇題

1. 以下哪種特徵提取技術最大化了類別之間的散布程度，同時最小化了每個類別內部的散布程度？
   (a) 主成分分析　　　　　　　　(b) 線性判別分析
   (c) 費雪判別分析　　　　　　　(d) 多標籤潛在語義索引

2. 在以下哪種情境中，具有與多個類別相關聯的特性會使分類器的任務變得更加複雜？
   (a) 多標籤 (multi-label)　　　　(b) 多類別 (multi-class)
   (c) 多實例 (multi-instance)　　　(d) 單一標籤 (single label)

3. 在多標籤非結構化探勘中，以下哪個階段負責移除冗餘特徵？
   (a) 資料收集　　　　　　　　　(b) 資料表示和建模
   (c) 資料清理和轉換　　　　　　(d) 以上皆非

4. 以下哪一種圖形模型是透過自動提取屬於某個語義類別的所有元素而構建的？
   (a) 共現圖形　　　　　　　　　(b) 概念圖形
   (c) 語法圖形　　　　　　　　　(d) 語義圖形

5. 以下哪種文本文件特性可被用來計算圖形的詞權重？
   (a) 詞頻　　　　　　　　　　　(b) 詞頻—逆文檔頻率
   (c) N-gram　　　　　　　　　 (d) 閾值

概念回顧題

1. 使用語義網路表示文本文件。
2. 將文本文件以共現圖形方式表示，並使用圖形拓撲性質如分支度分布和聚類元件進行排名。

3. 將文本文件以共現圖形方式表示，並使用網頁排名瀏覽者模型進行排名。
4. 請以線上購物車系統為例，描述非結構化多標籤探勘的各個階段。
5. 對於自動化新聞分類系統，透過定義必要的預處理來設計多標籤文本分類器。解釋要使用的標籤，指定對標籤之間關係進行建模時所需的圖形模型，並進行合理的說明。

批判性思考題

1. 闡述並解釋在 GPS 自動車輛追蹤系統應用中，多標籤非結構化數據探勘的各階段。
2. 為文本文件設計一個圖形模型，並使用圖形演算法對文本進行摘要。

實作題

1. 利用圖形模型呈現文件中文本元素的關聯。（提示：使用詞權重和特徵提取）
2. 為企業招聘系統編寫一個程式，為領域數據構建標籤圖形，以及個人資料數據構建共現圖形，並使用適當的相似性計算方法得到個人資料和領域文本數據之間的關聯。

大數據的分散式高維度資料聚類

DR. SUNITA JAHIRABADKAR

7.1 前言

資料探勘旨在處理計算、通訊和人機互動等問題,並從數據中提取出有意義的模式。聚類是資料探勘的主要任務之一,其目標是將資料集細分為子集或聚類,使得子集中的物件在所使用的相似性測量方法下彼此皆為相似(請見圖 7.1)。

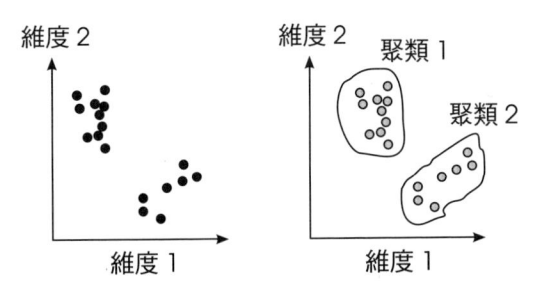

圖 7.1 根據資料物件之間的距離進行資料聚類

然而,使用不同的相似性測量方法時,不同物件之間的相似性可能會發生變化,聚類演算法有助於理解資料集中的原始分組。聚類作為資料探勘的任務之一,可應用於許多領域,如商業智慧、圖像處理、醫療科學、地質學、環境科學等。聚類還可作為資料壓縮的技術,或者作為許多其他資料探勘演算法中的預處理步驟,如在分類中,可用於建立訓練資料的標籤。

儘管在聚類領域已經有大量的相關研究，但仍迫切需要新的方法來處理大量、非結構化、分散的數據，因為當我們嘗試對現實世界的資料集進行聚類時，會需要處理、面對大數據。

傳統的商業資料探勘系統通常被設計成以集中式垂直應用的方式運作，並建立在類似資料倉儲的架構之上。但在現實世界中，數據被分散在多個站點之間，每個站點都會生成自己的數據，並管理自己的儲存庫，而由於隱私和安全方面的考量及頻寬限制，通常是無法傳送整個本地資料集的。因此，要分析和探勘這些分散的數據來源就需要分散式資料探勘技術，分散式資料探勘會在各個站點對數據進行局部分析，然後將局部的分析結果傳送到其他站點，而其他站點有時會將這些局部結果聚合成全域結果。

典型的聚類方法是根據選定的整組屬性來計算物件之間的相似性，然而，當測量的屬性數量很多時，兩個給定的群體可能只在測量屬性的部分子集上有所差異，因此，其中只有某個屬性子集會與聚類有關。在這種情況下，傳統的聚類方法可能會失效，因為當其對所有屬性做平均計算時，兩個群體之間的差異會很小。子空間聚類演算法是一種聚類演算法，它們不僅能在整個空間中尋找和建立聚類，還能在屬性的子空間中尋找和建立聚類。

7.2 分散式子空間聚類的應用

在現實世界中，許多分散式資料集是由高維度資料建模而來的物件所組成，且每個物件會由數百項屬性所描述。例如：在許多計算機視覺的應用，如運動分割、不同光照下的人臉聚類、模式分類、時間性影片分割當中，圖像資料是高維度且分散的。其他高維度特徵向量所代表的分散式複雜物件，可以在分子生物學、電腦輔助設計資料庫和文本資料庫等領域中發現。

透過以下的應用領域，將展現使用分散式子空間聚類方法來探勘高維度分散數據的需求。

7.2.1　金融資料分析

隨著資訊技術的發展和經濟發展逐漸全球化，金融數據被異常的快速生成和收集。因此，迫切需要自動化方法來高效地利用這些大量的金融數據，以協助企業和個人規劃策略和制定投資決策。資料探勘技術被用來探尋金融市場中的隱藏模式，並預測未來的趨勢和行為。資料探勘帶來的競爭優勢包括增加收入、降低成本、大幅提高市場反應和認知。而隨著全球化的趨勢，數據遍布全球，金融數據也不例外，而分散式聚類演算法在尋找金融數據的通用特性方面起著重要作用，例如：透過多維度聚類技術可以將銀行和貸款支付方面具有相似行為的客戶分在同一組。

在金融和銷售領域，為了識別出大量銷售數據中所存在的不同子空間聚類，我們可以透過找出相關的不同屬性來做到這一點，這在提升銷售和規劃不同產品的庫存量方面非常有用。因此，有效的分散式子空間聚類方法可以幫助我們識別客戶群體、詐騙或異常交易，並促進針對特定目標族群的營銷策略。

7.2.2　生物醫學與 DNA 分析

在過去幾年間，生物醫學領域的研究有著巨大突破，大量序列模式和基因功能的發現，使得人類基因組的研究取得了重大成果。DNA 分析使許多造成疾病和殘疾的遺傳因子得以被發現，並有助於研發新藥物與疾病診斷、預防和治療方法。

所有的 DNA 序列都由四種基本單位組成，此單位稱之為核苷酸。這些核苷酸組合在一起形成長序列（鏈），看起來就像一條扭曲的梯子。人類大約有十萬個基因，每個基因都由數百個單獨的核苷酸按照特定的順序排列組成，因此，核苷酸的排列方式幾乎有無限種可能，並會以此形成不同的基因，而要識別各種疾病相關的特定基因序列模式，則是一個相當具有挑戰性的任務。

由於在資料探勘中已經開發出許多序列模式分析和相似性搜索技術，因此資料探勘已經成為解決定義細菌群體的分子變異性、尋找共同表現基因等問題的強大工具。我們事先無法知曉會找到一個獨特的同質個體組成群體，還是會找到多個群體，而且我們也不知道每個群體中會有多少個體，這些問題需要透過聚類方法來處理。

雖然 DNA 數據高度分散以及生成和使用上極不受控，但分散式聚類技術卻可以在這些數據的語義整合中發揮重要作用。此外，從分子生物學中我們已了解到，在任何的細胞運作中，只會有一小部分的基因參與，因此細胞運作只發生在樣本的一個子集中。此外，單一基因可能會參與多個路徑，而這些路徑未必在所有情況下都會同時運作，因此一個基因可以參與多個聚類，或者完全不參與。一個「區塊」(block) 是由基因子集和樣本子集定義的子矩陣，因此，為了取得基因表現矩陣內「區塊」所展現的一致性，必須使用子空間聚類方法。

文本數據通常是高維度數據，而大數據則通常是分散式數據，所以對分散在多個位置的非結構化大數據進行聚類時，最佳方法是採用分散式子空間聚類。因此，本章將詳細探討這些針對非結構化數據和大數據的聚類方法。

7.3 高維度資料聚類

高維度資料聚類是對具有數十到數百個維度的數據所進行的聚類分析，在這裡，數據由物件集合而成，這些物件會以大量特徵所組成的特徵向量來描述。

高維度資料的典型例子可以從衛星圖像處理、圖形識別、文本資料探勘、電腦輔助設計資料庫、生物信息學、資訊整合系統等領域中發現。與傳統的聚類演算法相比，高維度資料特別受到關注，並且其聚類需要付出更多額外的投入，特別是由於傳統聚類演算法會因高維度資料的固有稀疏性導致不適用，因而無法產生有意義的聚類。以下是高維度資料聚類所面臨的三大挑戰。

7.3.1 維度災難

不同的聚類演算法會使用不同的相似性測量方法（或距離測量），來計算不同資料物件間的接近程度。在資料探勘領域中，有許多相似性測量方法，如基於距離、基於模式、基於密度等，不同的測量方式會導致產生不同的聚類模型。然而，在基於距離的聚類分析中，兩個物件之間的距離被認為可以代表兩者間的相似性或不相似性（見圖 7.1）。歐幾里得距離測量 (Euclidean distance measure) 是最常用的距離測量技術，它透過計算屬性值之間的差異，來得到任意兩個資料物件之間的距離。

傳統衡量兩個資料物件之間距離的方式，是透過計算這些物件在每個維度上的距離，然後使用任一種標準的距離公式，如歐幾里德距離或曼哈頓距離 (Manhattan distance) 等。然而，在高維度資料的情況下，使用這種傳統方式來測量距離，即會面臨到「維度災難」的問題。也就是指隨著維度數量的增加，資料物件也會變得越來越稀疏，並因維度數量的增加，在任意兩個資料物件之間的距離均勻分布下，會導致稀疏程度呈指數增長。在這種情況下，基於距離的聚類演算法將會失效。因此，這種基於距離的聚類演算法在高維度資料聚類上可能無法發揮其效用。

圖 7.2 表現了「維度災難」的概念，以二百個隨機生成的資料物件為例，圖中繪製了每對資料物件之間最大和最小距離的差異。

図 7.2 維度災難

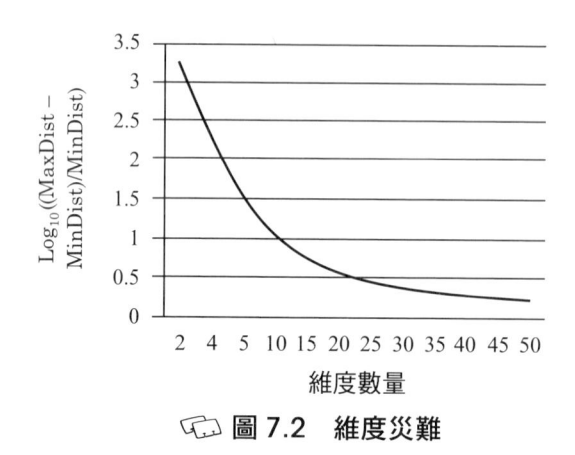

對於某些特定的數據分布情形，隨著維度數量的增加，最接近和最遠資料物件之間距離的相對差異趨近於 0。因此，

$$\lim_{d \to \infty} \frac{\text{MaxDist} - \text{MinDist}}{\text{MinDist}} \to 0$$

其中 d 代表維度的數量。

上述方程式定義了在高維度資料聚類時可能出現的潛在問題，其中資料集內部資料物件間的距離，會形成均勻分布的情形。

7.3.2 無關的維度

高維度資料聚類的另一個主要困境，是從聚類的角度來看有許多維度是與聚類無關的，在這些維度上進行聚類可能無法生成有意義的聚類。例如：若使用電子郵件 ID 來對學生資料庫進行聚類，由於電子郵件 ID 具唯一性，因此可能無法將學生分到正確的組別。而這些無關的維度會生成「雜訊聚類」(noisy clusters) 來混淆聚類演算法，解決這個問題傳統上最常見的方法是透過減少數據的維度，同時避免失去給定資料庫中的有意義資訊。特徵選擇就是在正式進行聚類之前最常被使用的方法之一，其目的在於從給定數據中刪除無關的維度。

然而，在高維度資料中，聚類可以在不同的維度子集中被找到。為了聚類的目的，一個特定的維度在形成某個維度組合方面是有用的，然而，在一些其他組合中可能是無關緊要的。因此，就特徵選擇來說，全域過濾(global filtering) 方法是不可行的。

7.3.3　維度間的相關性

在高維度資料中，可能會有著大量的屬性，而在它們之間可能也存在著某些相關性。因此，聚類可能並非與軸平行，而是任意方向的。

任何聚類演算法的效能均高度依賴於維度的數量以及用於聚類的特定維度。

因此，處理高維度資料問題有兩種主要方法。第一種方法是可以在進行聚類之前應用各種降維技術，以減少給定資料集的維度；在降低維度之後，便可以將任何現有的傳統聚類演算法應用於資料庫中。第二種方法是「子空間聚類」，在高維度資料中，由於聚類會與整個維度空間內的不同子集有關，因此產生了一個新的高維度資料聚類研究領域，就稱為「子空間聚類」，其可以檢測出不同子空間中所涵蓋的各種聚類。

7.4　降維

降維技術有助於從給定的高維度資料中減少維度的數量。而移除數據中無關屬性的基本方法分別是「特徵轉換」和「特徵選擇」。

特徵轉換

特徵轉換方法將高維度資料投影到較小維度的空間之中，此方法唯一需要注意的是要保留原始資料物件之間的距離。而這些方法會應用如降維、聚合技術等來對數據進行摘要,並創建維度的線性組合。這種類型的技術在某些情況下對分析數據而言是非常有效的,因為它們可以有效減少雜訊。其中最常見的方法包括主成分分析 (Principal Component Analysis, PCA)、奇異值分解 (Singular Value Decomposition, SVD) 等。

特徵轉換方法的主要限制在於這些方法並不會消除任何維度,它們只是將高維度資料轉換成線性組合,這使得它們在轉換時仍保留了無關的維度(或沒有用的維度),以致聚類變得失去意義。因此,此類特徵轉換方法適用於沒有無關維度的資料庫。

特徵選擇

與特徵轉換方法相比之下,特徵選擇方法試圖從給定的高維度資料中消除一些無關的維度。特徵選擇方法會搜索不同的屬性子集,並對這些屬性子集進行聚類評估。然而,這些特徵選擇技術面臨的主要限制是,由於它們將許多維度轉換為一組維度,這使得之後要解釋聚類結果就變得相當困難。

研究文獻中提供了許多特徵轉換和特徵選擇的方法,可用於降低高維度文本數據的維度,並改善文本數據表示法的品質,使其更適合聚類文本數據。

然而當聚類隱藏在高維度資料中的不同子集內時,上述方法會變得不適用。此時最常被使用的替代方法是特徵選擇處理的擴展,即子空間聚類。子空間聚類會在數據的高維度特徵空間中,尋找各個子集內的隱藏聚類,因此,子空間聚類演算法首先會在完整的特徵空間中搜索相關的維度子集,然後在這些維度子集中尋找隱藏的聚類。

7.5 子空間聚類

子空間聚類是一種不斷在進化的方法，它的目標並非在整個特徵空間中尋找聚類，而是在高維度資料集的各種重疊或非重疊子空間中尋找聚類。子空間聚類在影像處理、計算機視覺、電腦輔助設計資料庫、文本資料探勘、資訊整合系統等領域有著許許多多的應用。

正式的說，在資料庫 DB 中，子空間聚類 C 被定義為 $C = (S, O)$，其中 $O \subseteq DB$，$S \subseteq A$，且 S 是屬性集合 A 中所有維度的一個子空間。

圖 7.3 展示了子空間聚類，聚類 1 至 5。聚類 4 代表一個傳統的完整維度聚類，其維度跨足 d_1 到 d_{16}；聚類 3 和聚類 5 是不重疊的子空間聚類，分別出現在維度 $\{d_5, d_6, d_7\}$ 和 $\{d_{13}, d_{14}, d_{15}\}$ 中；聚類 1 和聚類 2 代表重疊的子空間聚類，因為它們共享一個共同物件 P_7 和一個共同維度 d_6。

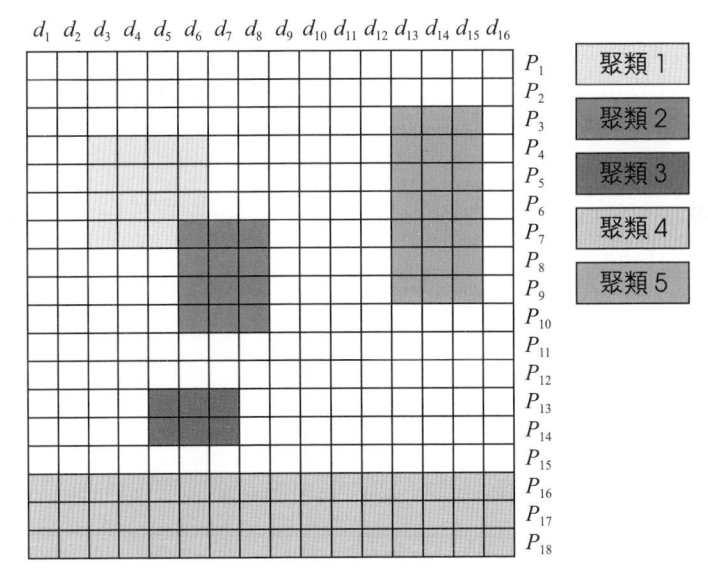

圖 7.3　重疊／非重疊的子空間聚類

子空間聚類演算法面臨著兩個主要挑戰，首先，尋找包含高品質聚類的相關維度子集；一旦找到相關子空間，就需要在每個子空間中探索聚類。

　　然而，相關子空間的搜索空間是無窮的，因此必須應用一些啟發式方法，以使子空間搜索的過程變得可行。限制相關維度集搜索的啟發式方法，決定了子空間聚類演算法的特質。而一旦識別出高維度空間的相關子空間，接著就可以應用合適的聚類演算法來探索該子空間中的隱藏聚類。

　　與其他任何聚類演算法一樣，子空間聚類演算法應該要高效且能產生出高品質、可解釋的聚類，且這些演算法必須具備可擴展性，以應對物件數量與維度數量的增加。

　　第一個子空間聚類演算法 CLIQUE 是由 R. Agrawal 所提出的，在後來的資料探勘研究文獻中，也有著許多值得關注的演算法被提出。儘管這些演算法都將資料物件分類為不同的組別或聚類，但它們定義聚類的方法都不同。這些演算法會對輸入參數進行各種假設，聚類被定義為固定大小或可變大小，重疊或不重疊聚類等。而搜索技術的選擇，如由上而下或由下而上，也可以決定聚類方法的特質。

　　P. Lance 等人在一項著名的研究中提出，使用搜索策略的子空間聚類演算法可以分為兩大類，即由上而下的子空間聚類方法和由下而上的子空間聚類方法。Ilango 等人將高維度聚類方法分為分割方法、階層式方法、基於密度的方法、基於網格的方法和基於模型的方法，並進一步提出了各種基於網格方法的研究。S. Karlton 等人將子空間聚類方法分為兩類，即基於密度的聚類和投影聚類。H. P. Kriegel 等人將不同的高維度資料聚類方法分為子空間聚類（或稱軸平行聚類）、相關性聚類（或稱任意方向聚類）和基於模式的聚類。

　　在資料探勘領域中存在著許多重要的子空間聚類演算法，且每個演算法都有各自不同的特質，這是由於使用不同的技術、假設、啟發式等方法所導致的。而我們需要定義一個全面的分類方案，以將現有的方法分為各種適當的類別。

將文本文件聚合或分組成為具有概念上意義的群組或聚類，是高維度資料聚類的重要應用之一。在這種情況下，一組非結構化的文件，會使用文件中一組重要的上下文相關詞語來進行表示，稱為向量空間模型或詞袋模型，這些詞語接著會形成文本文件的特徵空間。通常，即使是一個小文件，也會包含著大量的詞語或特徵，使文件向量的維度變得很高。此外，如果我們查看文本資料庫中的這些文件，單個文件所包含的詞袋總數是很少的，因此每個詞語的文件向量相當稀疏。所以，我們需要從向量空間中去理解有意義的特徵，以在這些文件上進行聚類。子空間聚類在此情況下可以起到重要作用，因為它能夠從文本數據的特徵空間中選擇有意義的子空間。

7.6 分散式系統

傳統的商業資料探勘系統旨在以集中式垂直應用的方式運作，並建立在類似資料倉儲的架構之上。然而，在許多組織與機構中，數據會分散在多個獨立工作的地點，這些地點會透過區域網路、廣域網路等相互連接。這些機構像是宜家宜居 (IKEA)、COOP 等超市連鎖店，或者像是微軟 (Microsoft)、富豪汽車 (Volvo)、愛立信 (Ericsson) 等，在全球範圍內都擁有分公司的國際企業。而由於隱私和安全方面的考量以及頻寬的限制，幾乎不可能將整個本地資料集進行傳輸。且在某些應用領域中，也不大可能將整個數據傳輸到中心位置，例如：天文學、衛星數據等。而分析和探勘這些分散的數據來源，就需要使用到分散式資料探勘技術。

分散式資料探勘會在各站點對數據進行部分分析，然後將部分結果作為輸出發送到一個中心站點，並在該處將其聚合為全域結果。圖 7.4(a) 展現了傳統的集中式架構，其中來自各種來源的數據被收集到一個中心倉儲，然後應用資料探勘工具來找出有意義的模式。而圖 7.4(b) 展現了分散式聚類，並將聚類與通訊結合在一起。圖 7.4(b) 中，每個本地站點都會對個別的數據分析，進行獨立的聚類，並創建一個本地模型。該本地模型包含部分聚合的數據，且會被發送到中心站點，然後，中心站點分析來自不同站點的本地模型，以創建最終的全域聚類模型。

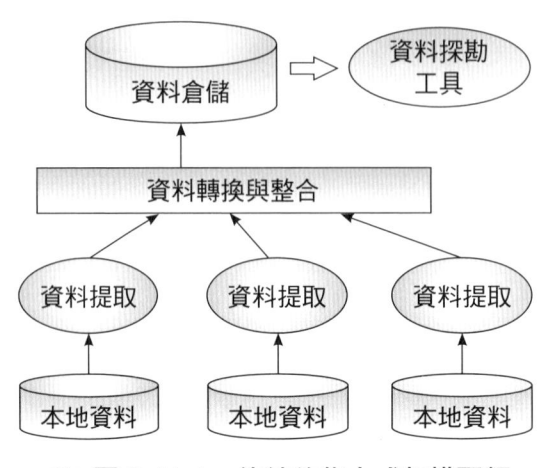

圖 7.4(a) 傳統的集中式架構聚類

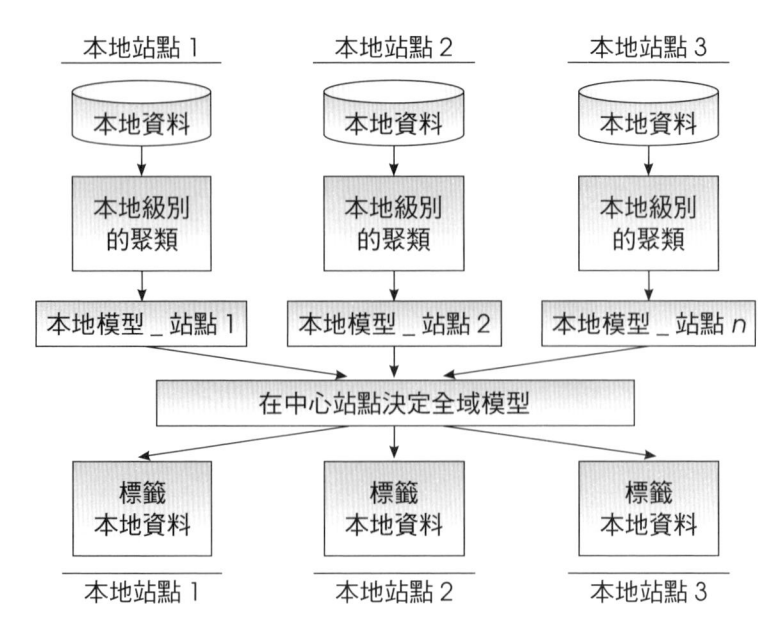

圖 7.4(b) 分散式聚類

CHAPTER 7　大數據的分散式高維度資料聚類

因此，在中心站點生成的結果可能會被發送回每個本地站點，以將本地數據標記成為全域上下文。

想從分散的數據中提取知識而無需將其收集到中心站點，這樣的需求啟發了稱為「資料庫中的分散知識探索」之新研究領域。

要實作分散式聚類演算法前，需要先考量許多方面，例如：需要應用聚類的數據類型（如文本數據、網路數據、基因數據等）、分散式數據的類型（如同質性數據或異質性數據）、運行聚類的環境類型（如 P2P、計算機叢集、區域網路、廣域網路等）、標準（如隱私保護、頻寬需求）等。對於設計、實作和評估分散式聚類演算法來說，這些資訊都是非常重要的。

在分散式資料庫系統中，數據可能儲存在多台電腦設備上，且這些設備會位於透過網際網路連接的多個分散位置（見圖 7.5）。分散式資料庫系統具有鬆耦合 (loosely coupled) 的資料庫站點，而這些站點之間並不會共享硬體元件。

在分散式系統中，資料庫管理員可以將來自特定資料庫的數據區塊分布到多個物理位置之上，而分散式資料庫可以位於內部網路、外部網路或網際網路的網路伺服器上。

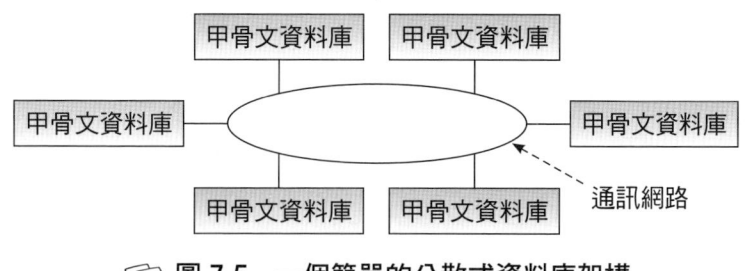

圖 7.5　一個簡單的分散式資料庫架構

7.7　分散式資料庫的類型

分散式資料庫主要分為同質性資料庫和異質性資料庫兩種。

同質性分散式資料庫

如果分散式資料庫在所有位置上都擁有相同的軟硬體，並且採用同一種資料庫，那麼它就可稱之為「同質性分散式資料庫」。同質性資料庫系統的設計和管理相對簡單。它需要在每個位置滿足以下條件：

- 作業系統必須相同且兼容。
- 使用的資料結構必須相同且兼容。
- 使用的資料庫管理系統或資料庫應用程式必須相同且兼容。

異質性分散式資料庫

如果資料庫包含不同的軟硬體、資料庫管理系統，甚至是資料模型，那麼就會被稱為「異質性分散式資料庫」。它可能是採用不同的結構和軟體，例如：甲地可能使用傳統的文件處理系統或舊的資料庫管理系統軟體，而乙地卻可能使用最現代的資料庫管理技術來儲存數據。又或者甲地可能在 Windows 環境下工作，而乙地可能在 Linux 環境下工作。

這使得異質性資料庫變得相當複雜，對於查詢和交易的處理將面臨著重大問題。在異質性系統中，各個本地站點使用其查詢語言來存取資料庫，翻譯系統會將這些命令轉換為能夠在各個站點之間進行通訊的形式。但從技術或財務的角度來看，異質性系統通常並不可行。

7.8 資料傳輸的類型

在分散式數據來源之間進行聚類的過程中，有三種不同的資料傳輸方式，分別如下：

1. **整個資料集**：這是最簡單直接的通訊方式，其中對等的本地站點會交換完整數據，以用於聚類演算法。然而，這種方式並無法滿足前面提到過的任何限制條件，為最低效的聚類方式。
2. **代表性數據**：在這種情況下，會將一些資料物件作為聚類的代表而被傳送到中心站點。最適合的代表，則是那些能夠正確代表聚類的物件。它雖然滿足頻寬和通訊成本的限制條件，然而，它並不滿足隱私條件，因為實際的資料物件還是會被傳送出去。
3. **聚類雛型**：在每個本地站點上，每個聚類都使用聚類雛型來表示，例如：中心點、樹狀圖等，然後將該雛型再傳送到中心站點。這種方式滿足了所有上述的限制條件，因此為最普遍的傳輸數據方式。

7.9 分散式資料庫系統的優勢

相對於平行系統，分散式資料庫系統具有許多優點，包括：

- 增加了資料庫的可用性、效率、可靠性和可存取性。
- 它提供了模組化，允許在不影響整個系統的情況下，添加或刪除分散式資料庫系統中的站點。
- 可以使用獨立於位置、硬體、作業系統、軟體、資料庫管理系統、網路等之本地站點來構建。
- 允許本地站點控制自己的數據，提供本地自治或站點自治。
- 在災難性情況下，如火災等，分散的數據可以保存資料庫的主要部分，因為資料不只儲存在一個地方，而是分散在多個地點。
- 使用多台網路連接的小型電腦，比一台性能強大的電腦更具經濟效益。

7.10 分散式聚類

許多分散式聚類演算法都是直接從早期為平行聚類開發的演算法中衍生出來的，這些演算法會假設單一資料庫被分成多個位置，因此資料庫之間是有同質性的。然而，在分散式的環境中，會需要進行額外的設計工作，以應對資料庫的多樣性。

與分散式資料探勘系統相比，分散式聚類的過程涉及基於各種標準所制定的設計決策，例如：需要實現的目標，像是準確率、隱私、通訊成本、頻寬等，以及如何分析聚類資料。就好比說，若優先考慮到隱私權的保護，會將實際聚類資料發送到中心位置的演算法可能就不太適合；而若是以節省網路頻寬為考量，就必須特別留意要發送到中心位置的本地模型大小。這些設計決策最終決定了分散式聚類演算法的性質和特徵。

標準分散式聚類演算法的步驟可以總結如下：

1. 在每個本地站點生成本地聚類模型。
2. 將來自不同位置的本地模型收集到中心站點。
3. 使用所有本地模型生成全域聚類模型，然後將最終的聚類資訊發送回相應的本地站點，用於標記完成聚類的數據。

每個本地站點會獨立執行聚類操作，因此，當脫離分散式的情境時，每個本地站點都可以將傳統的經典聚類演算法應用於本地聚類上。而對於高維度資料聚類，則可以在本地聚類之前進行特徵選擇或特徵降維，以減少數據的維度。而利用在每個本地站點使用子空間聚類，來選擇維度較小但相關的子空間，藉以探索有意義的聚類，是作者的研究工作中最具創新性之貢獻。

中心站點會根據每個本地站點所使用的本地聚類技術進行聚合，例如：如果本地模型是使用分割式聚類或基於網格的聚類所生成的，那麼全域模型也需要基於分割技術或網格技術。

7.11 文本資料聚類

文本探勘演算法是處理在本質上屬於非結構化的文本數據，以從文本中探勘並提取出重要資訊或模式，並進一步用於統計、機器學習或資料探勘演算法（如聚類或分類等）。文本數據會根據文件中所包含的詞語或特定的關鍵詞來衍生出資訊，因此，我們可以分析出現在各種文件中的關鍵詞，將詞語或文件進行聚類，以確定它們之間的相似性，並比較這些關鍵詞與全球資訊網上其他文件的關聯性等。

文本資料探勘的典型應用包括分析各種市場調查、自動處理電子郵件、訊息、文件等，以及自動對文本、電子郵件等進行分類，以識別垃圾郵件或自動將資訊發送至適當的部門等。另一種文本資料探勘的應用，是對於分析文本文件的內容方面，例如：分析保險索賠、擔保文件、診斷處方、競爭對手的網站等。

因此，文本探勘可以簡化將其視為文本文件轉換為數字表示的過程，最簡單的方法是對一組輸入文件中出現的所有詞語進行計數，每個文件中的詞語計數都會被記錄，並以一種類似矩陣的資料結構，來儲存每個詞語在每個文件中出現的頻率。某些常見的詞語，如「a」、「an」、「the」、「or」、「and」等（停用詞），會被排除在這個矩陣之外，以使列表更有意義且更簡單。此外，還會對詞語運用一個稱為「詞幹提取」的處理，以理解詞語的基本形式，並將同一詞語的不同語法形式結合在一起。例如：「counting」、「counted」、「count」等將被結合成矩陣中的一個單一輸入。當一組文件被表示成一個包含唯一詞語／詞彙及其出現頻率的矩陣時，便可以對這個矩陣使用各種標準的、普遍的資料探勘或機器學習技術進行分析，這些技術可能包含了有效的文件資訊檢索、聚類、分類、預測性資料探勘等。

在文本資料探勘領域中，聚類被認為是最有用的技術之一。聚類將一組文件分成不同的類別或群組，使得同一類別中的文件集合會呈現相同的主題或情境，例如：攝影、音樂、健康、娛樂或歷史等。文本資料聚類具有許多應用，例如：將網頁文件分組、將網頁搜尋結果分組等。

對於聚類，文本資料物件可以具有不同的粒度 (granularity) 單位，例如：單詞（詞彙）、語句、段落或整個文件。文本資料聚類的主要應用是在資訊檢索中，用於組織文件以強化檢索和支援瀏覽。將文件進行階層化組織以形成邏輯類別，能有助於改善瀏覽一組文件的便利性。例如：分散／聚集 (scatter/gather) 技術會使用文件的聚類組織進行高效且有系統的瀏覽。文本資料聚類的另一應用是在語料庫摘要中，會形成一個關於詞語集合的邏輯摘要，有助於進一步理解底層語料庫。語句聚類也可以用於文件摘要，文件分類作為聚類的監督式變體，也可用於提高文件聚類演算法的品質。

聚類作為一種非監督式學習雖面臨著許多挑戰，然而，對非結構化數據進行聚類則會遇到更多的挑戰。其中一個主要挑戰即為文本數據的量過於巨大，導致文本數據的維度增加，並且，其中許多維度在聚類的過程中是無用的，這使得聚類任務變得更加複雜。而文本聚類演算法亦需面對這些挑戰，以在大量數據的情況下實現可擴展性，即使面對高維度數據也要能夠保持高效，而且還需要能夠處理數據的語義和稀疏性。

文本數據的來源大多是非結構化的，例如：包含文本、圖像或其他多媒體資料的網路文件，或者是半結構化的 XML 數據。然而，現有的文本聚類演算法都是基於結構化數據的，因此要對文本數據運用聚類時，需要將原始的非結構化數據轉換為結構化的格式。常用來表示文本文件的結構化格式是向量空間模型，這種最簡單的文本數據表示法是將每個文件表示為包含唯一詞語／詞彙，以及它們出現頻率的矩陣形式。在將原始文本數據轉換為向量空間模型時，會使用一系列的預處理步驟，包括過濾、詞幹提取、詞頻計算、詞彙選擇等，這些預處理步驟非常重要，因為它們可能會對文本聚類的結果產生顯著影響。

許多通用的聚類演算法，如 k-means 演算法或其他通用的階層／分割式演算法，可以直接應用於這種表示形式，以實現文本資料聚類。另一種改良版的文本數據表示方法是基於權重的方法，例如：詞頻—逆文檔頻率 (Term Frequency–Inverse Document Frequency, TF-IDF) 權重，此方法是根據詞語在文件中的出現頻率以及詞語在整個文件集合中的出現頻率，為每個詞語分配權重。許多通用的聚類演算法是基於量化數據的，如它可以應用改良版的表示形式，來找出文本數據中最相關的詞語群組。

與通用的聚類演算法類似，文本聚類演算法也可以區分為分割式聚類演算法、階層式聚類演算法以及基於參數模型的方法，例如：EM 演算法。

7.12 文本數據的資料表示法

儘管文本數據最簡單的表示形式是詞語及其出現頻率所形成的矩陣，但文本數據仍具有許多獨特的性質，因此需要設計專門的演算法來執行資料探勘任務。文本數據表示法的特殊性質如下：

- 文本文件中的每個識別詞語都形成了該文本資料物件的一個維度，因此，文本表示法的維度會非常大。然而，詞語之間並不總是存在緊密的關係或距離，因此底層數據會是稀疏的。如果資料物件非常的短，例如：短評、簡短語句或推文，那麼這個問題會變得更加嚴重。

- 然而，當詞語多數彼此相關時，特徵空間仍然會很大，但文件的主要成分或核心概念會小很多，而這也需要設計專門的文本資料聚類演算法來應對。
- 在給定的一組文件中，每個文件可能包含不同數量的詞語，因此，在聚類任務中，適當地對文件表示進行正規化是相當重要的。

因此，文本數據或文件的高維度表示法，需要設計專用於文本的演算法來進行文件表示和處理，聚類亦是如此。

文件的 TF-IDF 表示（也稱為向量空間模型），將詞語的頻率 (TF) 與它們在整個文件集合中出現的頻率 (IDF) 進行了正規化。這種詞語頻率的正規化有助於聚類文本文件，因為它降低了文件中某個在單一文件內頻繁出現詞語的權重，這有助於減少那些高度頻繁詞語的重要性，並提高了更具判別性，但在整個文件集合中出現頻率較低詞語的重要性。此外，通常為了避免單一且非常高頻詞語的有害影響，會對文件中詞語的詞頻進行次線性轉換 (sub-linear transformation)。文件的正規化本身便是一個非常廣泛的研究領域，研究文獻中也提供了許多其他的正規化技術。

7.13　文本聚類系統

許多通用的聚類演算法，例如：k-means 聚類演算法或其他通用的階層／分割式演算法，可以直接應用於已轉換為結構化表示形式的文本數據上，所以在對一組文件進行聚類之前，需要先進行預處理步驟。在聚類大量非結構化文本數據時的主要挑戰，是去理解和解釋應用於文件向量空間模型的聚類結果。如果文件的數量較少，仍然可以透過查看文件內容來解釋聚類輸出的結果；但是，如果文件數量很大，要閱讀每個文件的所有內容是不可能的，因此，我們需要從每個聚類中提取出一些關鍵詞來理解被分在該聚類中文件的語義，而這時就需要在聚類文本數據時進行後處理步驟。

因此，文本資料聚類需要一個完整的系統，該系統首先將非結構化、大量且多樣的數據轉換為結構化、緊湊的數據格式；接著進行聚類，並解釋／利用聚類的結果來理解聚類文件的含義。這樣的文本資料聚類系統主要包括五個模組（見圖 7.6），接下來將對每個模組進行簡要說明。

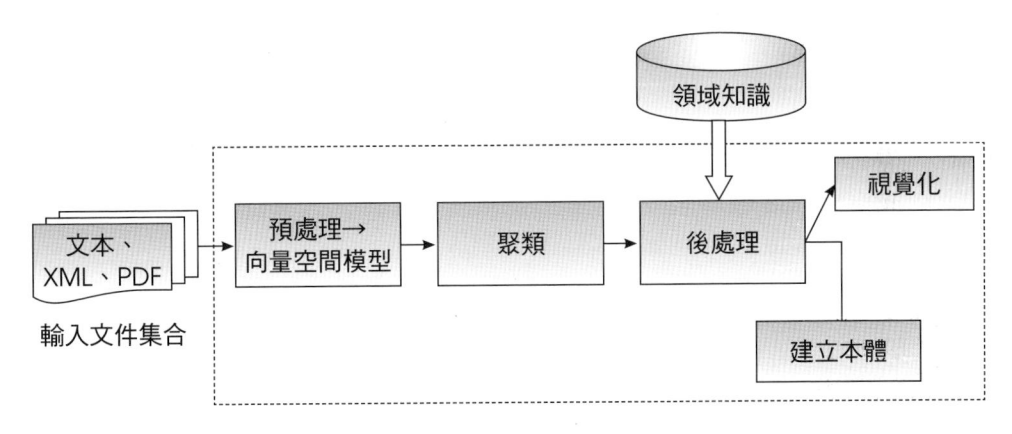

図 7.6　文本資料聚類系統

預處理

這個模組包含將實時非結構化數據，轉換成向量空間模型的結構化表示之功能，以便於可直接應用於聚類演算法。主要功能包括解析（透過刪除空格和標點符號，將文件轉換為一組詞語）、去除停用詞（移除那些不太有用的詞語，例如：「a」、「an」、「the」、「is」、「was」、「as」、「has」等）、詞幹提取（將不同形式的詞語轉換為一種原始的形式，例如：「singing」、「sing」、「sang」轉換為單一詞語「sing」）、理解同義詞、同音詞等，以及詞語選擇和詞權重，例如：詞頻—逆文檔頻率；而目前市場上已有一些工具可以執行該預處理步驟。

聚類

　　這個模組可以在文件集合上使用任何類型的聚類演算法，而這些文件會在預處理模組中以向量空間模型進行表示。它會根據構成底層文件集的詞語上下文來搜索相近類型的文件，並使用識別出的主題來表示每個聚類，且可以進一步擴展，以應用於子空間聚類演算法，從而識別出文件的重要特徵，使高維度文本資料聚類變得更加有效且提高效率。

後處理

　　這個模組是使用資料庫從每個聚類中探勘一些（通常是 4 到 10 個）對該聚類主題有代表性的詞語，此外，它還會搜索各個聚類之間的常見關鍵詞，以推導／定義不同聚類之間的關係。

視覺化

　　這個模組使用每個聚類中的關鍵詞或重要詞語來視覺化每個文件聚類的語義，它還會透過每個聚類文件中的共同關鍵詞，來呈現不同文件聚類之間的關係。有許多方法可以用來表示文件聚類，其中一種方法是將每個聚類表示為一個語義網路，每個節點可以表示一個文件聚類，並以一小組重要詞語來進行描述，兩個節點之間的邊，可以表示兩個聚類之間的關係。除此之外，還可以利用許多其他的視覺化工具，以不同的圖形格式呈現文件聚類。

建立本體

　　此模組是使用前一步驟中形成的聚類來為每個文件集合建立本體(ontology)，這些本體有助於解釋和理解文件的特定領域。

　　下一節將詳細介紹用於文本資料聚類的子空間聚類方法。

7.14 文本數據的子空間聚類

任何聚類演算法適用與否，都高度依賴於維度數量以及聚類過程中具體使用的維度。在文本聚類中，每個重要詞彙都形成了一個維度；然而，常用詞語，如「in」或「do」，則對聚類的效率並無幫助，反而還增加了複雜性。因此，精準的選擇聚類維度，以降低文本資料的維度，減少語料庫中可能降低聚類效率的雜訊詞語，就成為最重要的決策之一。如今，「本體」的概念被用來描述文本文件的領域。文本文件之本體代表文件的語義，並且是一個階層式概念模型，能用於理解文件的上下文以及文件內各個詞語之間的關係。然而，文件的本體通常是由該領域專家透過理解文件中的關鍵上下文、重要詞語以及它們之間的關係而手動創建的。目前正有大量的研究者在自動生成本體的領域上努力工作著。

子空間聚類透過學習和理解文件的主要領域，在自動生成本體的過程中扮演著重要角色。子空間聚類演算法首先是在特徵空間中尋找相關的子空間，然後在這些子空間中尋找聚類。在文本數據的情境中，每個文件（包括在相應文件中的詞語組合）都會被表示為一個向量。個別文件通常只包含所有詞語的一小部分，因此，當文件向量對應在不屬於該文件詞語的位置上，可能向量的值會出現0。子空間聚類演算法在此時可以發揮作用，用於找出子空間，即理解文本文件重要上下文的相關關鍵詞／特徵；此外，子空間聚類演算法還可以做到特徵降維。如果將文件集合表示為文件詞語矩陣，其中每一列或每筆資料皆表示一個文本文件，每個特徵即表示文件中的關鍵詞，則子空間聚類演算法會為相應的文件生成一組相關的關鍵詞（特徵／子空間），這些關鍵詞會構建相應文件的主要上下文。子空間聚類演算法的第二個部分，是在每個相關子空間中尋找聚類，最終在此聚類步驟中所找到的聚類代表了文件的相關領域，以及由子空間表示的重要關鍵詞，這些文件的資訊可以進一步被許多資料探勘的應用程式所使用,例如:在各種分類演算法中建立分類器。然後,可以使用此分類模型來根據其領域將大量網頁進行分類,從而使資訊檢索更加高效。舉例來說,子空間聚類可以識別每個文件的領域,如醫療、健康、金融、音樂、體育、娛樂等;而聚類演算法可以根據每個領域對文件或網頁進行分組。使用子空間聚類演算法訓練的分類器,可以將新添加的文件分類,並標記到現有文件集中。

標準子空間聚類演算法,如SUBCLU、PROCLUS或ORCLUS,都是基於標準分割式聚類演算法的基礎延伸而來。而近期還有一種階層式子空間聚類演算法HARP,它會自動選擇每個文件聚類的相關維度。標準 k-means 聚類演算法則是大量數據聚類時,最常被使用的演算法,且易於修改,使其在大型文本資料聚類中也能保持高效。

7.15 大數據聚類

隨著如Facebook、Twitter、LinkedIn等社交網站的普遍使用,各種用途的數據生成和儲存大幅增加,這些大規模數據也被稱為「大數據」。因此,使用大數據來進行各種資訊檢索的應用,或其他資料探勘上的應用,如聚類、分類、預測等,就相當具有挑戰性。聚類即是一種非監督式的工具,可以用來從巨量的數據中尋找隱藏模式。

然而,在處理大數據的聚類計算方面存在著兩個關鍵挑戰。因為數據來自各種來源,且各種來源會採用不同的特徵構建方法來儲存數據,所以大數據中有著固有的異質性特徵。例如:在大學的資料庫系統中,各個學院可能會使用不同的表示法來代表學生,像是用他們的個人及其他資訊、考試成績等進行標記;在儲存生物數據中,人類基因可以使用各種表示法來測量和表示,例如:單核苷酸多態性(Single Nucleotide Polymorphism, SNP)、基因表現或染色體基因晶片分析等;在圖像數據的儲存中,每個圖像可以由各種描述符（如 SIFT、HOG、LBP 等）來進行描述，給定數據中的每種特徵都可以表示其特定資訊。

因此，大數據是異質性數據，其主要的挑戰在於如何在分散環境中整合這些散布於多個節點上的大數據？此外，要在哪些特徵上對此異質性數據進行整合？另一個挑戰是，如何在大規模數據上減少執行聚類所需的計算成本？

傳統 k-means 聚類演算法是基於聚類的中心點，它會根據每個物件到聚類中心點的距離來將資料庫劃分為各種不同的聚類。由於易於理解和實行，即使面對大量的資料集，計算成本也不會太高，所以 k-means 演算法常用於大規模分散式的大數據聚類。然而，k-means 演算法主要是為單一視角的資料聚類應用所設計的，因此我們還需要一個穩定且不會太複雜、類似於 k-means 的聚類演算法，以整合大數據的各種特徵。大數據聚類演算法應具備以下特質：

1. 要能夠在多核心的強大處理器上平行處理，以聚類大規模分散數據。
2. 要對雜訊和數據的異常值具有穩定性。
3. 要能夠在不同的數據初始化情形下產生穩定的結果。

結論

在資料庫知識探索 (Knowledge Discovery in Databases, KDD) 的過程中，資料探勘定義了應用於資料庫的各項功能，以從大數據中發現有意義的模式與趨勢。聚類是資料探勘的基本，也是最重要的任務之一。本章中提出的方法和概念對於處理非結構化、高維度、分散和大數據的分散式子空間聚類來說十分重要，同時也介紹了非結構化、高維度文本資料聚類，以及分散式聚類相關的各種初步知識。

本章亦突顯了高維度資料聚類所涉及的各種挑戰，如維度災難、無關的維度和各維度之間的相關性，也討論了對高維度資料進行聚類的現有降維技術相關問題。有許多應用領域需要這種類型的資料探勘方法，因此，本章進一步闡述了分散式高維度資料聚類的挑戰以及各方面。文本資料聚類是高維度資料聚類的特殊案例，後面我們會再對它詳細介紹，包含如何將普通的非結構化文本數據，轉換成結構化的向量形式，以及對整份文本資料進行聚類。本章還強調了子空間聚類是最適合文本數據以及大數據聚類的方法，為大數據聚類的研究者們提供了新的見解與觀點。

CHAPTER 7　**大數據的分散式高維度資料聚類**

選擇題

1. 以下哪一種資料探勘方法可用於資料壓縮？
   (a) 資料前處理　(b) 聚類　　　(c) 分類　　　　(d) 異常值分析
2. 傳統的聚類演算法在高維度數據的情況下會失效，以下何者會導致無法產生有意義的聚類？
   (a) 大型資料集　　　　　　(b) 數據的固有稀疏性
   (c) 數據以文件形式呈現　　(d) 選擇錯誤的距離測量方法
3. 在異質性分散式系統中，每個位置都具有：
   (a) 相同且兼容的作業系統　(b) 相同且兼容的資料結構
   (c) 不同的結構與軟體　　　(d) 相同且兼容的資料庫管理系統
4. 以下何者不是屬性選擇方法？
   (a) 屬性構建　　(b) 決策樹推導　(c) 子空間聚類　(d) 特徵選擇
5. 常見用於表示文本文件的結構化格式是下列哪一種？
   (a) 餘弦相似性模型　　　　(b) 詞幹提取模型
   (c) 向量空間模型　　　　　(d) 文件正規化模型

概念回顧題

1. 請解釋並詳細說明以下各術語：聚類、分散式聚類、高維度資料聚類、子空間聚類。
2. 請描述「維度災難」的概念，以及在高維度數據聚類時會遇到的挑戰。
3. 請仔細說明集中式資料探勘系統與分散式資料探勘系統之間的差異。
4. 請利用圖示來解釋文本聚類系統，並敘述預處理方法在文本資料聚類中的重要性。
5. 請簡短說明在文本數據中，如何進行子空間聚類。

批判性思考題

1. 使用網路上可取得的 DNA 的合成資料，實作特徵選擇／特徵轉換和子空間聚類演算法，以了解這些演算法是如何選擇維度／屬性，來尋找隱藏在資料庫中的原始分組或聚類，最後闡釋適用於高維度數據（例如：DNA 數據）的最佳屬性選擇方法。

2. 假設一個電子郵件資料庫分散在多個站點上，需要應用一種典型的分散式聚類方法，其中每個站點的本地資料會在本地進行聚類，只有聚類的代表數據被發送到全域站點，而在中心站點將建立一個全域聚類模型。請推薦一種最佳的聚類演算法，該演算法須可以處理分散式大數據以及電子郵件數據的非結構化性質。

實作題

1. **應用**：根據客戶的興趣進行客戶分群。
   目標：對客戶的資料進行聚類，以得出有著不同興趣的客戶群體（客戶可能同時有著多個興趣，因此這些群體會是重疊的）。
   資料物件：客戶的資料。
   輸出：屬性子集（定義興趣領域）和聚類（定義每個群體內的客戶）。
   挑戰：推導相關的屬性，然後在每個屬性子集中進行聚類。
   問題陳述：創建或使用合成的高維度數據（維度數量的範圍從 30 到 50）來表示客戶資料。資料物件的最小筆數為 100。透過 Weka 中的子空間聚類演算法 SUBCLU，考量包含興趣屬性的子空間，且最小子空間維度為 3，找出給定資料集的相關子空間。在每個子空間中應用 k-means 聚類演算法，以找到客戶群體，並將聚類的結果與其他聚類演算法（如 DBSCAN、EM、Cobweb 等）進行比較。

2. **應用**：基於上下文的文件聚類。
   目標：對文本文件進行聚類,以找到具有相似主題／上下文的文件群組。
   資料物件：使用向量空間模型描述其內容的文本文件。
   輸出：根據不同的主題／上下文檢測文件群組。
   挑戰：理解每個文件的主題／上下文,然後將文件分到不同的聚類之中。
   問題陳述：創建或使用合成的高維度文本數據,並以向量空間模型的形式表示。應用 k-means 聚類,並根據文件向量的接近程度,計算文本文件聚類中的相似性。

機器學習與大數據的增量學習

8

DR. PRACHI JOSHI

8.1 前言

我們觀察到,由於資料不停地以驚人的速度增長,對資料分析的需求多年來亦有著明顯的增加。商業智慧 (Business Intelligence, BI) 和分析成為人們熱烈討論的主題,而為了實現它們,機器學習 (Machine Learning, ML) 自然成為了首要技術。

機器學習主要是在於識別、預測或預報,就如同我們人類的學習方式一樣,資料分析需要以增量的方式進行。機器學習演算法執行著探索模式與進行預測、分類和聚類的任務,解決關鍵的應用問題,並且與傳統的統計分析不同,它會捕捉趨勢和變化,並能夠預測趨勢的漂移。

機器學習方法在許多應用領域上(如天氣預報、文本分類等)獲得了巨大的成功,就目前而言,種種因素使得機器學習在大數據領域中,成為深具潛力的技術,它能妥善地處理與分析數據。如今,機器學習技術已在大數據分析中占有一席之地,它們被應用在如推薦系統、股票分析、預測系統等方面。

接下來就讓我們一起深入探索機器學習、大數據以及增量學習。

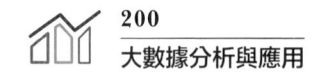

8.2 機器學習的概念

通常,機器學習方法被分為監督式學習、非監督式學習和半監督式學習。監督式學習使用帶有已知類別的已標籤數據,它的任務是對未知樣本進行分類,為此它必須使用已標籤的數據進行訓練,並根據這些訓練建立模型,進一步用於對未知數據做出分類。非監督式學習處理的是未標籤數據,這些數據會根據相似性形成聚類或群組。而半監督式學習則是結合了兩者,即同時使用已標籤數據和未標籤數據。圖 8.1 為上述方法之圖示。

```
訓練資料
(已標籤數據) ──→ 機器學習演算法 ──→ 分類模型 ──→ 分類／預測
                                          ↑         未標籤數據
                                      未標籤數據
                    (a) 監督式方法

未標籤數據 ──→ 非監督式機器學習演算法 ──→ 聚類／分組
                    (b) 非監督式方法
```

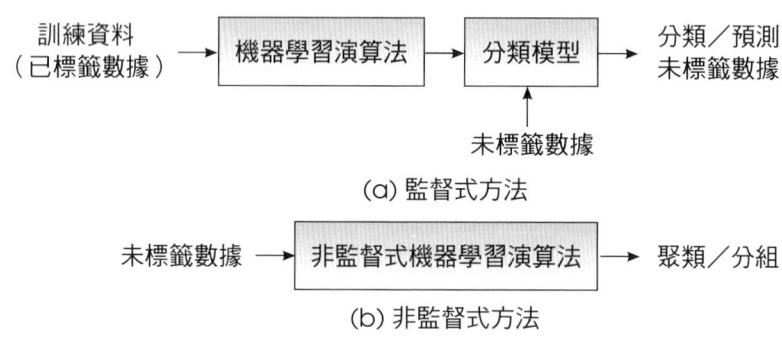

圖 8.1 監督式與非監督式方法

以下將分別介紹機器學習的一些特性。

自適應學習

在自適應學習的部分,主要有兩個特性,首先是它能夠為給定問題選擇合適的演算法;再來是它可以針對一段時間內發生的變化來更新推論。但當環境不斷變化且需要即時回應時,這些方法將會面臨到更多的挑戰。

多角度學習

　　有限資訊和單一視角的學習是不足夠的，因為從單一角度看似準確的事物可能會被誤導。而多角度學習旨在根據場景和問題本身，結合所有角度中的各種特性，該方法會將來自不同角度的資訊進行優先排序，以使分類器做出的決策不會產生偏差。當需要進行一系列決策時，這一點就非常重要，因為未能捕捉到關鍵角度可能導致錯誤的決策，影響整體效能。

深度學習

　　深度學習會進行多階層的表示法及抽象化處理，以便感知不同的數據，由於其是受到直覺和神經科學的啟發，因此主要目的就是讓機器學習更接近於人工智能。一般而言，像是對於圖像的表示法，深度學習會將它們分解，並使用多個階層分離出不同部分，以識別該圖像，且這種學習是以增量方式進行。由於深度學習是經過一系列非線性處理來輸出結果，且它使用的是分層處理原理，相較之下，傳統的機器學習方法在本質上就粗淺許多。目前，最受歡迎的深度學習模型是用於執行識別任務的卷積神經網路。

主動學習

　　已標籤的數據往往很難收集，收集過程不但耗時且需要專家逐一對數據進行標記。傳統的被動學習方法需要在學習階段取得完整的已標籤資料集，而在主動學習(active learning)中，學習模型會主動選擇需要標籤的數據。且該操作有著數種不同的執行方法，其中一種是查詢的方法，查詢的結果會被用來標籤數據；也可以使用選擇性方法，每當有新數據可用時，學習模型會根據數據決定是否觸發查詢。

8.3 大數據與機器學習

在本節中，我們將重點轉移到機器學習方法與大數據之間。

現今每個人都在談論大數據這個熱門詞彙，而大數據分析更是被高度重視。從大量的數據中提取出有意義的資訊，是一項相當具有挑戰性的任務，雖然已有許多統計方法能夠執行這種分析，但它們仰賴於靜態分析，因此產生的結果可能不盡正確。此外，數據亦正在發生變化，大數據的 3 個 V──高速 (velocity)、大量 (volume) 和多樣性 (variety)，也需要納入考量。機器學習方法是可以解決此一問題的強大工具，常被用於商業領域的預測分析。本節我們將說明利用機器學習取得和分析大數據的必要性。

在前面章節中，您已經見過許多大數據的相關範例，如零售銀行 (retail banking)、體育活動、社交媒體等，這些所有情況下所積累的數據量都是非常龐大的。機器學習方法有助於提供對數據的理解，從而提取出模式和趨勢，並提供適當的預測分析。

當我們說到結合大數據的機器學習方法時，都是需要滿足快速且高效地處理即時數據的需求，同時還必須有足夠的能力來處理連續的資料流。

我們已經相當熟悉可達到此目標的各種機器學習技術，如關聯探勘、基於不同相似度測量的模式匹配、分類和聚類等，而貝氏方法、支持向量機 (Support Vector Machines, SVM)、整合方法、決策樹（監督式學習方法）是其中最常見的。圖 8.2 解釋了機器學習在大數據中的各項任務。

要在大數據中利用機器學習技術，最常使用的框架是 Hadoop，它擁有一個涵蓋大量機器學習演算法的函式庫，稱為 Mahout。

8.3.1 Mahout

Mahout 是個可用於各種任務的機器學習演算法函式庫，需要特別注意的是，雖然 Mahout 並不強制要與 Hadoop 一起使用，但通常 Hadoop

處理大數據，而 Mahout 是被用於取得特定的推薦，因此兩者往往會同時使用。圖 8.3 為簡化的 Mahout 內部架構。

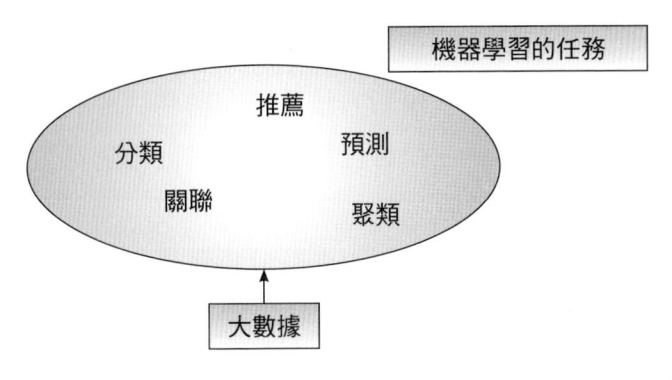

圖 8.2 機器學習的各項任務

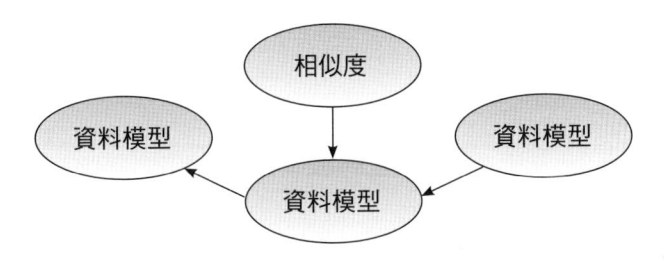

圖 8.3 簡化的 Mahout 架構

假設現在要構建一個簡單的推薦系統，該系統需要考慮之前用戶的偏好和選擇。在 Mahout 中，前述所需的數據被保存在我們用來參考的資料庫、資料儲存或知識庫中，此架構可以根據某些特性上的相似度以及其他相關技術來進行推薦。

接著讓我們來探索更多關於大數據的增量學習。

8.4 什麼是增量學習？

智慧化是探勘中的一個固有特性，商業智慧就是利用這種探勘活動來進行合理化的預測、預報或分類，並提出分析。機器學習是處理這種智慧探勘的基礎方法，傳統的機器學習方法主要有監督式學習、半監督式學習和非監督式學習，這些方法在執行任務時，經常面臨著需要對隨著時間所產生的新數據進行學習的挑戰。

由於期間內數據的大量增長以及即時分析數據的必要性，促使了「增量學習」(Incremental Learning, IL) 概念的產生。增量學習是一種學習的經典範例，能夠容納新出現的數據、保留先前學到的事實並基於此提供決策，這種學習能夠適應環境的變化，並擁有在學習過程中進行選擇的能力。圖 8.4 為增量學習的流程。

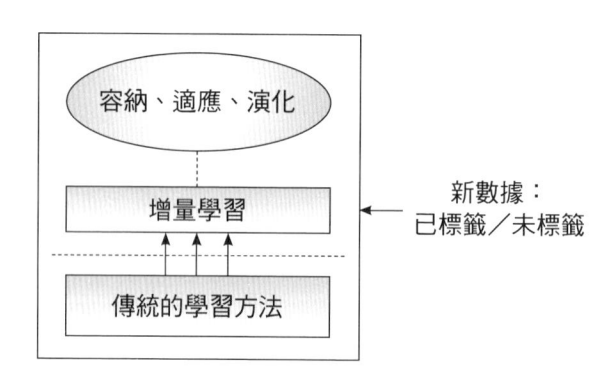

圖 8.4　增量學習

增量學習必須擁有以下三個基礎屬性：

- **容納 (accommodate)**：新生成／演化的數據應該納入學習的過程中，學習的決策不應僅根據先前所學到的舊有特性來制定，且學習的結果更會因新數據而改變或受到影響，生成的模型也需要根據這些新數據來進行更新。

CHAPTER 8　機器學習與大數據的增量學習

　　傳統方法通常在試圖容納新數據時會丟棄先前學到的概念，在傳統學習方法中，最常見的問題是災難性遺忘，這裡指的是學習方法在試圖容納新數據時，往往會忘記之前學到的一切。如果是監督式方法，肯定會遭遇到這個問題所帶來的困擾，並需花費大量時間進行重新訓練，而這是我們所希望避免的，這種重新訓練可能導致不正確的決策，並影響分析結果；增量學習就是試圖解決上述的問題。

　　當增量學習需要容納新數據時，會出現許多問題，例如：

1. 是否應該將所有的新數據納入考量來進行學習和建立模型？
2. 所生成的知識庫將會發生什麼變化？

　　增量學習一個非常重要且獨特的特點，即是具有選擇性 (selective)，可以修正並解決這些問題。增量學習方法需要在數據選擇方面具有選擇性，即選擇用於學習之數據的過程，基本上，在這個過程中的知識積累，也應該是精確並有選擇性的。

- **適應(adapt)**：由於具備適應性，增量學習能夠根據動態環境嘗試調整並反應，因此在接受新數據方面更具選擇性。而學習系統是否能夠充分利用適應特性以跟上環境變化的速度或頻率，這一點是非常重要的。

　　適應性在傳統方法中經常被忽略，但它在很大程度上是會對決策產生影響的。

- **演化 (evolve)**：學習模型會自行演化，這是因為它具有選擇性，並結合了適應性和容納性，可根據正在形成的知識來進行演化，而這種演化需要會遇到以下問題：

1. 在決策制定的當下，先前學習的數據中，僅有少數的特性會被用到。
2. 在新建立的模型中，先前學習的情境或類別有部分是不被需要的。

3. 決策中會存在重疊，導致需要對情境進行合併或移除。
4. 學習的過程會受到預先定義的類別所限制。
5. 進行新的學習時，需要演化新的類別／聚類／情境。

儘管增量學習試圖實現上述提到的各項屬性，但仍有一個眾所周知的問題需要處理，那便是穩定性與可塑性的兩難，穩定的分類器或學習模型能夠完整保留先前學到的知識，但無法容納新數據；而可塑性是指它能夠適應和學習新數據，但無法保留先前學到的知識。

因此，一個增量學習模型是需要在穩定性和可塑性的兩難之間取得平衡的。

8.4.1　增量學習、半監督式學習、增量聚類

半監督式學習和增量聚類之間的區別，是研究增量學習時的重點之一。我們可以說，增量學習是以半監督式的方式執行學習任務，從已標籤和未標籤的數據中進行學習。在增量聚類中，增量學習方法會在不影響先前形成的聚類情況下（不重新進行聚類），根據需求構建聚類或更新現有的聚類，它具有決定是否需要合併／分解／生成操作以進行聚類管理的能力。

8.4.2　絕對學習 vs. 選擇學習

會從所有可用數據中進行學習的增量學習方法，被認為是絕對學習，這種學習無法證明新學習的必要性，只是單純地表現出該方法有能力從新數據中學習。我們希望學習是具有選擇性的，即有選擇性地辨識並區分資料集、能夠影響預測的類別或情境等；此外，它還需要在取得的觀點、上下文、內容方面也具有選擇性。

因此，絕對學習的能力會受到整體學習的限制，但有選擇性的方法則能夠突破這種限制，根據所獲得的精確資料來做出最佳預測，它會識別出

CHAPTER 8　機器學習與大數據的增量學習

在學習過程中會被使用的基本元素。此外，具備選擇性的方法還可以整合反饋系統，使學習過程更加有效。

選擇性學習其中一個需要考量的因素是，要在什麼時候需進行改變並提取所需的特性。簡而言之，它會一直進行主動性的學習，並能探索、定位，以及在某些特定領域中學習。圖 8.5 介紹了選擇學習所涉及的要素。

```
                    ← 新數據
                    ← 新類別／聚類
                    ← 觀點
    選擇性學習    ← 上下文
                    ← 內容
                    ← 回饋
                    ← 時間要素
```

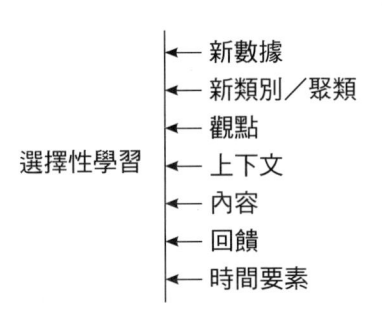

圖 8.5　選擇性增量學習中的要素

8.5　用於建立知識的增量學習

當增量學習需要建立知識以便在學習中加以利用時，學習模型應對於修改和更新等方面具有選擇性。在這裡，學習方法需要使分類器能夠適應並塑造自己，且識別出模式與趨勢的漂移，以執行知識積累的任務。關於知識構建特性的細節可見圖 8.6。

8.6　處理大數據的增量技術

在 8.4 節中我們討論了用於分析大數據的機器學習技術，而在本節中，將重點描述增量學習於該方面的需求和重要性。

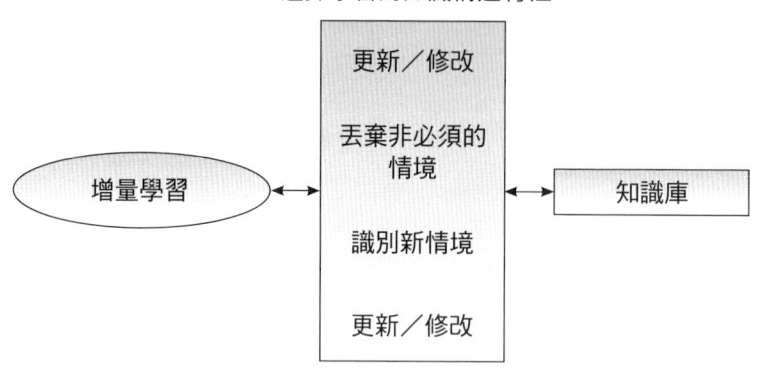

```
                  選擇學習的知識構建特性
                  ┌─────────────┐
                  │  更新／修改  │
                  │             │
                  │ 丟棄非必須的 │
    ┌────────┐    │    情境     │    ┌────────┐
    │增量學習│◄──►│             │◄──►│ 知識庫 │
    └────────┘    │ 識別新情境  │    └────────┘
                  │             │
                  │  更新／修改  │
                  └─────────────┘
```

圖 8.6　知識構建的特性

首先我們要了解的是，為什麼大數據需要增量學習？大數據的生成速度非常快速，因此記錄的數量相當龐大，不僅底層數據會隨時間發生變化，數據也會持續不斷地流動，而在處理資料流時，會發生概念漂移 (concept drift) 的情形。雖然已有許多適用於處理上述問題的標準演算法，但增量學習卻具有以下特性：

1. 增量學習的原理相當單純，它在初始階段就假設可用的訓練資料非常少。
2. 學習方法會根據新加入的數據，取得必須學習的相關特性。
3. 能有效的利用資源、記憶體、時間，這是傳統機器學習方法無法做到的。

圖 8.7 描述了增量學習在大數據中的獨有特徵。

目前而言，將傳統的方法轉換為增量學習是可行的，如增量的單純貝氏分類、支持向量機、決策樹、神經網路等方法，就可以從大數據中進行增量學習。此外，還可以利用梯度方法來學習特徵。

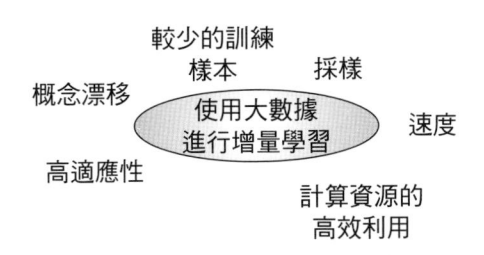

CHAPTER 8　機器學習與大數據的增量學習

◢ 圖 8.7　大數據中增量學習的特徵

　　為了應對持續的資料流，也使用了整合的方法，它與增量方法之間的區別是，整合方法可以捨棄已經學習到的特性，而增量方法可以根據選擇性的條件進行工作。在學習的範例當中，增量學習可以採用批次處理方法，從而對資料集進行採樣以執行線上學習 (online learning)。

8.6.1　線上學習的特性

　　增量學習方法需要在整個過程中持續運行，它必須適應並更新建立的模型，而這只有在學習方法是處於「線上」的情況才能實現。現在，讓我們來了解線上增量學習方法是如何對即時資料流進行預測的。圖 8.8 為線上學習的工作模型。

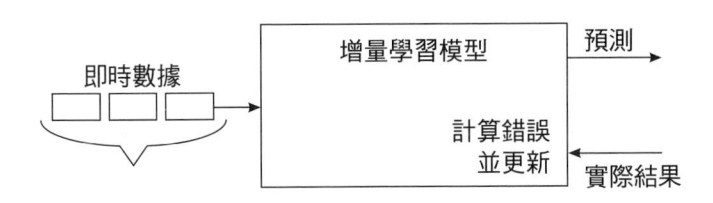

◢ 圖 8.8　線上增量學習的工作模型

　　讓我們假設資料集 $x_t, x_{t+1}, x_{t+2}...$ 為即時資料流。
　　y_p 表示預測結果，y_a 表示實際輸出，KB 為知識庫。
　　錯誤計算 (error calculation) 為 $err(y_p, y_a) \rightarrow KB$。

因此，知識庫 (Knowledge Base, KB) 或模型會被更新，此學習方法實行線上主動學習，線上學習的模型可以有不同的變體，而這些變體與學習誤差有關，可以透過梯度方法，從一階、二階梯度資訊中進行權重調整學習。

這種方法有許多優點如下：

1. 有極高的可擴展性和效率。
2. 模型遵循更新和學習的原則進行工作。
3. 容易應用於分散式環境中。
4. 可以平行地布署並應用。

8.6.2 增量處理與 MapReduce

到目前為止，我們已經大致了解在大數據中如何應用增量學習，現在，我們要討論在 MapReduce 中使用增量方法。MapReduce，正如我們所熟知的，它是用於資料密集應用的模型，那麼增量技術該如何應用於此呢？我們先從最普遍的方面來說，大致上它會專注於增量更新，在執行數據的增量處理任務時，會有著許多方法，其中一種就是單純地對整個批次的數據進行平行處理並增量地學習，但顯然地，這並不適用於大數據；另一種方法則是我們在前一節中所討論過的增量演算法，此方法依賴於我們所使用的演算法複雜性，成功與否完全取決於是否能夠開發和構建出一種高效處理和計算數據的方法，以在取得新數據時能夠進行分析。在增量處理中常被討論的，還有一種被稱為連續批量處理的方法，它與應用息息相關，其模型將隨著應用的變化而做出改變。此方法以程式設計師為中心，仰賴於程式設計師隨著應用的變化去改進該方法的效率。它能夠處理不斷增長的數據，處理因輸入變化而受到影響的計算數據，並被用於搜索引擎中，也受到極大的關注。但是，在這些方法中卻存在著一些問題，就是它們無法以透明、清晰的方式來執行任務，需要建模成為新的編程範例，從而影響計算複雜性。以下將針對克服這些問題的方法進行討論。

在使用 MapReduce 進行增量處理時，有兩種處理方式，一種是修改 Hadoop 分散式文件系統 (Hadoop Distributed File System, HDFS)，另一種則是使用未經修改的 HDFS，但需要對狀態數據重新進行分割。

其中一種使用未經修改的 HDFS 的方法是 IncMR，它負責數據的增量處理，而它提交工作方式的不同，會說明它如何容納新演化的增量數據，同時，IncMR 還需要探索新的模式來進行學習。而另一種方法 Incoop 建議修改 HDFS，以實現增量處理，這對於增量資料探索和儲存處理過程中產生的結果而言是必須的。

通常在這樣的系統中，對於增量 HDFS，區塊形成的方式會影響到增量方法。這裡會使用根據內容分割出的區塊來應對增量變化，從而保持輸入到 MapReduce 的穩定性。此外，對於增量 Map 和 Reduce 操作，會透過記憶任務來避免在 Map 階段運行之前計算過的分割。而在 Reduce 階段，該方法會產生許多鍵值對，可用於進行分組。增量方法會使用工作排程器，藉此對狀態數據進行重新切割。

總結來說，這些方法是使用 MapReduce 執行對數據的增量處理，來試圖解決「透明性」和「效率」的問題，但在其他實作層面上則依賴於記憶化。透過將「機器學習」的演算法本身以「增量」的方式結合進來，可以使它們更具解決分析技術問題的潛力。

8.7　應用

基本上，每個應用領域都必須使用機器學習進行大數據分析，從簡單的推薦系統到社交網路數據，乃至於情感分析，都需要機器學習。從先前討論的不同學習範例中可得知，當前的主要方向是利用增量方法來改進分析能力。在社交媒體上，增量方法可用於提供推薦等，不同於傳統方法是透過提供排名建議來運作，增量學習會取得用戶對建議的反應，並研究和演化出相同的內容，以便在下一個學習階段中使用。

以一個簡單的書籍推薦系統為例，增量方法會觀察與購買的書籍（數據）相關之趨勢和模式，並根據取得的資訊以及這種購買模式來進行學習。而增量學習的模型會從每一個發生的新活動中，根據所觀察到的相關特性來進行更新。

所以，如果我們嘗試用 Mahout 的角度來解釋，構建的學習演算法可以被擴展為增量工作，以提供更好的推薦和更佳的商業模型。

這不僅僅是一個推薦系統，而是展示了現在任何大數據處理都需要對數據進行增量更新，以處理和容納新演化的數據，同時取得結果並隨著正確的結果進行演化。

結論

如今，機器學習中的增量學習已是處理大數據時必不可少的，這是由於它能快速地進行準確預測，並且夠適應環境。此外，當應用環境為分散式的時候，可以擴展現有方法以使用 MapReduce 進行分析。增量方法需要進行線上學習，從而考量趨勢並提出或預測決策。系統必須根據反饋持續學習，並在其工作的環境中進行傳播和更新。

然而，增量學習的工作模型仍有很大的發展空間，我們可以透過統計學和機率論來增強現有演算法的能力，從而有效地處理大數據，並在此基礎上生成預測和進行推薦。

選擇題

1. 監督式學習的性能可能受到以下哪些因素影響？
   (a) 訓練資料　　(b) 測試資料　　(c) 未標籤資料　　(d) 以上皆是
2. 以下何者為不依賴於一次性獲得全部已標籤資料，並且可以選擇性地添加新數據的學習範例？
   (a) 深度學習　　(b) 多角度學習　　(c) 監督式學習　　(d) 主動學習
3. 關於選擇性增量學習方法，以下哪些敘述是正確的？
   (i) 始終採取主動方法。
   (ii) 僅依賴於上下文。
   (iii) 能容納所有新的可用數據。
   (iv) 有變化和適應的能力。
   (a) (i)、(iii)　　(b) (i)、(iv)　　(c) (i)、(ii)　　(d) (iii)、(iv)
4. 關於分類器的穩定性與可塑性，以下哪些敘述是正確的？
   (i) 一個穩定的分類器可以適應新的數據。
   (ii) 一個穩定的分類器能夠保留已學習的知識。
   (iii) 可塑性特徵允許適應新的變化。
   (a) (i)、(ii)　　(b) (iii)　　(c) (ii)、(iii)　　(d) 以上皆非

概念回顧題

1. 請描述機器學習的基本類別。
2. 請解釋何謂主動學習。
3. 請討論增量方法需要具備的屬性其重要性。
4. 請解釋選擇性增量學習中所涉及的各項因素。
5. 什麼是線上學習？增量方法要如何對這種學習範例產生效用？

批判性思考題

1. 假如我們收集了一組有關學生表現的資料集，需要選擇一個基於機器學習技術的學習演算法來預測學生的表現，請問應該考慮哪些標準的學習範例來進行預測？並請說明理由。
2. 解釋深度學習分層方法的用途，請提出一個應用並進行討論。
3. 在機器學習中實作自適應學習可能會有哪些缺點？請將其一一列出並進行討論。

實作題

1. 使用 Twitter 數據來分析有關雀巢公司某個特定商品的新聞，設定一個時段區間來識別出推文的趨勢，並應用機器學習方法。
2. 對任一歷史數據進行聚類，並對新的可用數據進行增量更新，藉由新的學習，識別出所形成聚類中的變化。

當今商業領域中的分析

META BROWN

9.1 前言

商業人士通常會仰賴個人的直覺,而非使用量化數據或其他具體事證來作為決策依據。商業新聞中總是充斥著關於企業家做出與事證背道而馳的決定,但最後卻有良好結果的故事,這樣的成功總是被歸因於其直覺優於數據,而非偶然。

基於直覺做出的決策若是失敗的,則不會出現在新聞中,因為沒有人會聘請公關來散播商業失敗的故事。而且,商業界對於未經核實的主張非常寬容,以正向的方式改編故事不僅被允許,甚至是被鼓勵的。因此關於商業界以直覺成功的新聞,有時是被修改過、誇張化,甚至是完全捏造的,以加強對讀者的吸引力。

9.1.1 分析的商業價值

雖然每家公司在細部上都有著很大的差異,但幾乎所有大型企業都會使用分析技術。市場研究是一個常見的應用方式,在 2008 年的一次採訪中,《財富》雜誌資深編輯貝西・莫里斯 (Betsy Morris) 引用了蘋果公司共同創始人兼董事長史蒂夫・賈伯斯 (Steve Jobs) 的話:「我們不做市場研究。」這句話被許多有抱負的技術領袖所認同,當他們執行開發無法證明市場需求的產品等商業行為時,他們就會以這句話來進行辯解。他們認為，有遠見的領袖比顧客自己更能理解他們想要什麼。

然而，後來一份訴訟的相關文件揭示了賈伯斯未曾提及的事實：蘋果有在進行市場研究。蘋果會收集和使用數據來理解消費者的喜好，且這些分析在蘋果非凡的成功中扮演了重要角色。那麼為什麼身為一位主管要否認他的商業成功依賴於數據的收集和分析呢？這絕非無知，因為他肯定知道自己所領導的公司內部所發生的事情。原因或許是他喜歡被看作是一位商業預言家，又或許他想要誤導競爭對手，以維持從分析中獲得的競爭優勢！

有些人可能會認為單單以蘋果的成功並無法充分證明分析在商業上的價值，實際上，想要找到其他更好的例子是非常容易的，例如：

- 沒有任何行業比保險業更加重視資料分析，保險業與機率論等數學領域是同步發展的。而根據印度品牌資產基金會 (India Brand Equity Foundation) 估計，2013 年印度保險業的價值超過 660 億美元。
- 根據印度網際網路與行動協會 (Internet and Mobile Association of India) 所提供的資料，搜尋廣告作為一種關鍵的文本分析應用，占印度數位廣告市場的 30%，這使得搜尋廣告在 2015 年的價值約為 1,100 億盧比。
- 電信產業競爭激烈，全球的供應商都仰賴分析來提供獲得、保留、增加客戶收益的線索。孟加拉電信行業領導者 Grameenphone 的報告中說到，一個實驗性質的客戶流失預測計畫，可以使活動的參與率提升至超過 20%（早期活動的客戶參與率約 3% 到 5%），同時也增加了客戶的收益。

分析提供了良好商業決策的最佳指引，使得世界各地的多樣化業務能夠獲得巨大的收入和利潤。即使那些成功的商業領袖公開吹噓他們是利用個人直覺進行決策，實際上在幕後也是悄悄地使用著分析。

9.1.2 直覺的限制

作為本書的讀者，您可能已經了解分析的價值，然而，您會發現要提出一個能夠說服主管、潛在客戶或朋友，具有說服力的分析案例並不容易。人們抗拒分析的原因有許多種，例如：

- **信心**：相信自己對消費者的理解。
- **事後諸葛**：對過去預測失敗的合理化。
- **恐懼**：擔心會失去權力或創造的自由。

直接行銷商 (direct response marketers)，也就是指那些直接向消費者進行銷售的人，利用分析已有近一個世紀的時間。奧美廣告公司 (Ogilvy and Mather) 的共同創始人，後來成為奧美印度區董事長的大衛·奧格威 (David Ogilvy) 或許是 20 世紀後期最有影響力的廣告專家，他談到了兩種廣告模式：直接行銷廣告和一般廣告，並解釋直接行銷廣告商為何相較於一般廣告商而言，有著巨大的優勢，這是因為他們確切知道什麼樣的廣告是有效的（可見大衛·奧格威本人的影片：https://www.youtube.com/watch?v=Br2KSsaTzUc）。他們不是猜測，他們確實知道！而他們之所以知道，是因為他們測試了不同的廣告，並對結果進行評估。

在2012年美國總統選舉的活動期間，歐巴馬(Barack Obama)競選團隊測試了各種不同版本的募款電子郵件。在進行電子郵件廣告測試時，最重要的就是主旨部分，如果主旨不夠有趣，電子郵件就不會被打開。例如：測試結果顯示主旨寫「嘿！」是非常有效的，因此在後續的電子郵件廣告中會經常被使用。直接行銷分析和精準定位（micro targeting，又稱微目標定位，專門提供客製化資訊，是常用於市場研究和競選的分析方法）的相結合，使得這場競選最終成功籌集到超過10億美元。

如果這個故事還不足以說服您的主管分析是優於直覺的，可以與其進行以下實驗。首先，為您自己的工作尋找一些替代的廣告，並邀請主管來預測結果（您可以在 Which Test Won 找到許多例子，以及完整的測試結果，https://www.facebook.com/whichtestwon/）。首先，建立一組範例，裡面大約會有十到十二對的替代廣告，請主管在每對廣告中選擇出他認為將會是最有效的版本，將預測的答案記錄下來，並與實際測試結果進行比較。這個測試已經有許多充滿自信的商業人士挑戰過，結果證明他們的直覺對於預測消費者行為而言，其實並不比擲硬幣更為準確！

9.1.3　將分析付諸行動

僅對數據進行分析並不會產生任何好處，因為投入資料收集和分析中的成本與付出，只有在得到的資訊被付諸行動時才會帶來回報。

如何將資料分析與行動連結起來，對資料分析師來說是個複雜的挑戰。作為一名資料分析師，必須識別出重要的商業問題，找出可能的改善措施選項，並規劃適當的分析來確定哪種措施最為適當。您必須準備、展示並維護提供分析的商業案例，且必須呈現具有說服力的結果。

9.2　為分析建立商業案例

IT 投資往往無法產生良好的回報，在技術研究公司高德納 (Gartner) 2012 年的報告中發現，20% 的小型 IT 計畫（預算在 35 萬美元以下的計畫）是失敗的，且預算越高，失敗的可能性越大。掌控資金的管理層可能會將分析視為與 IT 計畫本身同樣重要，因此您無法僅透過開口就簡單地取得資金，關鍵是能否準備好一個有說服力的投資案例。

每個商業案例都有兩個主要部分，即成本和收益。列出所有成本相當簡單，因為您知道自己想要什麼樣的產品和服務，也清楚它們的成本。此外，您可能還需要考慮內部成本，如員工的薪酬和間接費用。然而，定義收益卻並不容易。

收益有兩種形式：收入增加或成本降低。收入增加通常看起來會最為誘人，因為理論上而言，收入增加的潛力是無限的。但問題是，掌管預算的管理者對於計畫中所承諾的收入往往抱持著保守的態度，他們更加願意接受著眼於成本降低的計畫，這不僅僅是對資料分析結果產生懷疑所致。此外，為了實現收入增加，企業可能同時需要數位管理者的同意才能採取行動，所以專門控制 IT 預算的人，可能沒有權力為此目標做出所需的業務變更。

9.3 資料分析師的溝通挑戰

資料分析師在與決策者討論其工作時，會面臨到一些特別的挑戰。他們的訓練和大部分工作重點都在於模型的準確率和精確性、選擇適當的測試以及其他技術概念上。然而這些事情對商業主管來說是不感興趣的，主管和客戶並不需要去學習資料分析師的語言，但資料分析師卻必須學會透過商業的語言來解釋分析成果。因此，在向主管進行簡報時，請記住以下幾項原則：

- **使用財務語言**：無須談論檢定統計量或統計顯著性，而是改為使用金錢（如盧比、美元或歐元的金額）或以相關的專業用語（如銷售的增長百分比、轉換率或客戶流失的比率）來描述您的結果，這些用語對於主管來說才是熟悉的，且與企業的財務健康狀況明顯相關。
- **保持簡潔明瞭**：主管很忙！一開始就呈現出最重要的資訊，並保持簡短，若能從第一分鐘就吸引人注意，您將從決策者那裡獲得更多的時間與耐心。
- **減少細節**：專注於重點並省略瑣碎之處，大多數主管認為這些細節是無聊且不相關的，您不會想冒著失去決策者注意力的風險，甚至也許還會出現更糟糕的情形，聽眾被簡報中某個細微且不重要的元素所吸引，以至於主要重點被忽略。

- **逐步揭示細節**：不要一次性地分享您所知道的一切。先從幾個主要的觀點開始，然後一點一點地提供支持此觀點的資訊，留下一些明顯的問題空間，並隨時準備好根據決策者的興趣來改變您的簡報順序，或是省略某些主題並強調其他主題。

透過講述故事來使您的簡報更易於理解，而這些故事會呼應您透過資料分析所發現的內容。但並非每件事都必須以故事的形式表達，而是在您的簡報過程中穿插一個或多個簡短的故事，並將要說明的其餘部分與這些故事相互串聯起來。

一位數位廣告代理商的市場營銷人員，在社群網站上為客戶的產品投放廣告，然而這些廣告並未帶來滿意的銷量。她透過檢視網路分析報告，發現雖然有許多人點擊了廣告，但「跳出率」(bounce rate) 卻非常高，換句話說，點擊廣告的人沒有購買產品就離開了。更仔細的審視分析報告後發現，這種情況只在手機網頁上發生。最終，市場營銷人員進行測試後，注意到手機網頁並沒有正常運作，因此顧客之所以沒有購買產品，是由於無法在手機網頁上完成購買。

9.4　用數據講故事

資料分析師們會傾向於講述這樣的語句，像是「我檢閱了報告」、「我進行了一個測試」和「我發現……」之類的話。換句話說，資料分析師經常會提及自身及其進行的工作。但以下這位市場營銷人員知道，客戶對她或她的工作都不感興趣，他們真正想了解的是他們的顧客！所以，這位市場營銷人員講述了這樣一個故事：

CHAPTER 9　當今商業領域中的分析

　　阿尼爾在瀏覽好友的日常更新貼文時，注意到一則業配文展示了您們新遊戲的畫面和價格，他感到非常興奮，並點擊了廣告，準備立即購買這款遊戲。但當他嘗試在手機網頁上填寫支付資訊時，他卻無法輸入任何的資訊，儘管他多次嘗試重新加載頁面，仍然無法輸入資訊，最終阿尼爾放棄了，且再也沒有購買過您們的遊戲。

　　透過用這樣的故事開場，您可以吸引聽眾的注意，使他們在您提供相關數據時更加願意傾聽。整個故事雖然只有短短幾句話，但它清楚地解釋了商業問題，並易於理解和記憶，此外，因為客戶非常渴望銷售產品，所以這樣的故事對客戶而言是有趣的。只用少量的詞語，您就可以將一個故事的所有基本元素包含在內，故事的基本元素如下：

- **主角（英雄）**：故事必須圍繞某人（通常是一位顧客），而那個人並不會是您（資料分析師）！
- **一個挑戰**：主角會有一個目標，且必須克服某個障礙才能達成該目標（在電影中，英雄總會面對一系列的障礙，但您的故事中應該只有一個）。
- **一個結局**：主角最終是否達成了目標？（阿尼爾沒有！您將使用數據來向客戶說明，必須採取什麼行動來改變狀況，以便下次故事能有一個美好的結局。）

　　而關於這個故事要注意的是，它們必須是真實的，您的數據必須要能表現出故事中描述的事件順序是實際發生過的。如果能由一位真實的顧客來進行講述，故事將極具吸引力，也許是來自技術支援或客服通話中得到的顧客錄音，或者一則能在簡報時朗讀的顧客訊息，甚至是顧客訪談的影片等。

9.5 與團隊角色進行合作

沒有任何一位資料分析師擁有讓整個組織以數據驅動的所有技能或權力，這是一項團隊工作，所以您必須熟悉各類型的角色以及其工作內容，資料分析師必須與以下專業人士建立良好的工作關係：

- **高級管理層**：資料分析師的分析工作所造成的影響，將取決於理解高級管理層關切重點的能力，以及要能從資料分析工作中，提出一個令人信服的行動理由。
- **資訊科技 (Information Technology, IT)**：數據和業務系統的存取會由 IT 團隊來控制，許多資料分析師抗拒與 IT 合作，這是不明智的。資料分析師需要與 IT 建立有建設性的工作關係，以獲取所需數據，並將您的發現整合到業務應用所需的資源中。遵守 IT 的規定也可以防止觸犯隱私權相關法規和其他的法律規範。
- **商業分析**：組織中的變革管理專家，他們會協助組織來改進流程，並在此過程中控制成本和避免錯誤。
- **專案管理**：專案經理負責領導規劃與執行指定的任務，如實行一個新的商業系統，或建造一棟建築。
- **各領域的專家**：如果不知道數據代表什麼、不了解業務是如何運作，或者不知道如何利用得到的結果，就無法有效利用數據。若資料分析師本身並不具備相關的業務知識，就需要向此領域的專家尋求更多情報。這不是一個職位名稱，而是一個角色，任何擁有所需知識的人都有可能擔任此一角色。

9.6　分析的限制

我們很容易因為對某一特定的分析方法、資料來源或結果過度自信，從而忽視了工作上的局限性。這份自信會導致從數據中得出不切實際的結論，並誤導客戶，最終增加了商業上失敗的風險。因此我們有責任與義務，仔細檢查自己的工作以找出錯誤和局限性，詳細記錄該過程，並邀請同行進行審查，我們需要考慮的方面如下：

- **數據**：相關數據是否可用？如何評估數據的質量？數據是如何獲得的？數據中每個欄位代表什麼？這些數據的局限性是什麼？（例如：線上收集的數據可能無法代表不使用網際網路的人。）
- **分析方法**：使用的分析技術是否適合您的數據和應用？有足夠的工具來進行分析嗎？數據是否已經確實地準備好了？
- **信任**：是否有遵守相關的資料隱私法規和其他法律規範？使用方式是否符合道德標準？（您的雇主、許可機構和專業協偏好什麼樣的標準？）誰擁有這些數據？數據擁有者是否能接受這種數據使用方式？
- **分析師**：您是否了解所使用技術的先決條件，並且是否已驗證過這些先決條件的合理性？您能解釋所選的特定資料來源和分析技術的理由嗎？您是否遵循了標準的分析過程？您能將結果與行動聯繫起來嗎？

9.7　商業分析中的理想主義與現實主義

許多父母會鼓勵他們的孩子成為醫師，因為醫師是受人尊敬的職業，並能夠確保有穩定的工作和不菲的收入，這個理由相當合理，儘管醫師職業也涉及到血液、體液和尿液等不那麼光鮮亮麗的事物。近年來，資料分析的相關職業具有某種吸引力，在這個領域似乎有著無限的機會，但要獲得所需資源，或者達到期望的成就或影響力，卻沒那麼容易。

9.7.1　文化與分析的相互作用

在統計課程中，我們被教導要根據準確率、精確性和其他技術標準來評估分析的價值，然而，無論技術是多麼地複雜和卓越，對於滿足商業管理層的期望仍是不夠的。在商業世界中能夠產生最大影響力的資料分析師，不是那些注重準確率的人，而是那些能將分析過程與決策者的偏好相匹配的人。

執行分析和呈現結果並沒有單一的最佳方法，必須根據自身的環境來制定工作。管理風格會因國家（在美國的個人主義文化中，主管通常以個人身分來做出決策，而日本人則注重共識）、行業（銀行家在流程改善上行動緩慢，而通常科技業則不那麼抗拒變化）和個別管理者而有所差異。

9.7.2　為何商業並非由數據所驅動

您可能曾在某本商業暢銷書或新聞報導中，閱讀到透過使用分析而獲利的成功故事，也許您會想要模仿這個令人印象深刻的故事，但現在，您應該要了解那個成功故事的另一面。

9.8　成功故事的隱含意義

與一位某公司的員工談天，這位員工從事什麼工作或是在哪個部門並不重要，只需靜靜聆聽，話題最終會轉到工作上，您必定會聽到在任何書籍或新聞報導中都找不到的細節。就算是一個具有分析能力且善於利用分析的企業，可能依舊無法利用分析來解決所有領域的問題，您可能會發現這個企業的客服等待時間過長、新產品出現質量問題，或者員工的流動率極高。請記得，這可是一個以優秀分析而聞名的公司，可以想像若是在其他公司，情況可能會有多糟糕。

9.9 對使用分析的抗拒

在商業世界中所使用的大部分資料分析方法,既不先進也不祕密,有些甚至可以僅用紙和筆來實現,而其中大部分方法都可以借助普通的桌上型電腦來完成,這些細節大多數在公共圖書館和網際網路上都可以找到。因此,地球上的每一位主管其實都可以輕易地獲得這些資訊,那麼為何這些主管們沒有個個都會使用資料分析呢?這是由於以下原因:

- **分析具有挑戰性**:進行基本統計分析雖然並沒有比一般的會計工作來得困難,但法律和合約規範通常會強制要求企業必須使用制式的會計行為,然而法律上卻很少會要求進行資料分析。
- **分析需要數據**:數據的收集和存取可能存在許多障礙。
- **分析意味著透明度**:數據驅動的決策,意味著必須承認有些部分並沒有發揮其效用。
- **分析必須與行動結合才具有價值**:許多主管並不願意根據分析來進行決策。

9.10 建立對分析的信任

透過逐步引入分析,能夠幫助主管更加習慣以數據驅動的決策制定,先從不需要大量資源的小型計畫開始,經由這些計畫的成功,建立未來獲得更複雜工作資金所需的信任。首先,應選擇低風險的計畫(例如:對免運費的優惠與適度折扣進行比較),並且在工作的每個階段,都使用主管能了解的用語,用與主管職責相應的財務術語來解釋您的目標與發現。

9.11 大數據的影響

2001 年，道格‧拉尼 (Doug Laney) 在 META Group（後被 Gartner 收購），概述了他的客戶在處理現今資料來源時所面臨的挑戰，他用簡短的三個詞概括了這些問題：

- **大量 (volume)**：收集的數據量極大。
- **高速 (velocity)**：數據收集非常迅速。
- **多樣性 (variety)**：數據有著多種的格式。

拉尼先生的文章是對於我們現在所謂「大數據」的開創性描述，他對大數據的簡潔描述，被分析和商業社群承認為大數據的「3V」。他的這些話語非常具有影響力，以至於遠比他本人更為人所知。儘管現在計算技術相較於當時已有所進步，但相同的問題仍然挑戰著企業。

9.11.1 大數據是新的挑戰嗎？

如果您認為大數據的挑戰是當今獨有的，您可能需要對數據歷史重新進行檢視與思考。美國於 1790 年進行第一次人口普查，當時派遣有薪酬的資料收集員至各州之間，歷時九個月，找出並記錄該國每一個人的基本資訊。這些資訊是手寫在紙上的，這些資料收集員甚至沒有標準的制式表格可用，想像一下，整理這些結果需付出怎樣的努力！因此，每一代人都面臨著自己的數據挑戰。

9.11.2 大數據從哪裡來？

三個主要來源構成了大數據的主體，這些來源如下：

- **傳統的商業活動**：交易紀錄和其他日常的商業、政府活動紀錄以及研究數據，都屬於這一類別。這是在大數據時代之前，甚至在電腦出現之前，就已有收集的資訊，只是現在被收集的數量更多，細節也比以往任何時候都更加詳細。

- **電腦活動紀錄和用戶生成的內容**：社交網站貼文、電子郵件、簡訊、網路活動紀錄以及線上通訊過程中所產生的其他數據。
- **機器監控**：工業和公共場所中機器感測器記錄的資訊，包括監控紀錄、來自「物聯網」(Internet of Things)的數據，以及飛機的飛行記錄儀數據。

這些來源中數據的多樣性，意味著各個組織間所面臨的大數據挑戰可能截然不同。某位資料分析師也許面臨著要在一百萬小時的監控影片中，尋找某個罪犯臉孔的挑戰；而另一位則要在簡短的文本貼文中尋找潛在客戶的線索；還有一位則是要審查常規的商業紀錄，找出是否有詐欺交易。

9.11.3　從大數據中衍生價值的壓力

在近期的某場分析會議中，一位來自大數據軟體公司的演講者展示了一張非常模糊的照片，這幅圖像勉強可以識別出一張臉孔，但無法確定這張臉是男性還是女性、年輕人還是老人，更不用說要識別出其身分。演講者隨後用越來越細緻的版本替換了這幅圖像，直到最後它變成一張清晰且詳細的特定女性圖像，其外貌和氣質在照片中可以清楚地看到，這位演講者說，這就是大數據的效果。儘管此一願景很吸引人，但目前還沒有多少組織能夠在大數據分析上取得成功，並不是每一個大數據來源都能提供有質量、細節豐富的數據。

毫無疑問，詳細且準確的數據是具有價值的，但您不應該假設每一個大數據來源都會提供準確或有價值的細節。從分析的角度來看，巨大的數據來源並不代表其具備任何價值，大量的數據意味著巨大的數據複雜性和成本，且不保證有著極大的商業價值。資料分析師的責任是深思熟慮地評估任何數據來源對於特定應用的適用性。

擁有大數據的人會面臨著巨大的壓力，不僅僅是維護數據那麼簡單，收集和儲存這些數據都是非常昂貴的，而管理層會迫不及待的想要得到一些回報。您可能無法在每一個數據來源中都產生有價值的東西，但可以輕易地認識那些有潛力產生價值的代表性特徵。

9.11.4　讓大數據創造價值

如果您能夠親自觀察每一位潛在顧客，將能了解到許多能夠幫助您向其進行銷售的方向。假設我們觀察一位正在進行購物的女性顧客，看到她購買了嬰兒護理用品、食物和清潔用品，您的觀察會告訴您，小美是一位價值導向的購物者，她可能正在照顧自己或別人的家庭。在與她進行簡短交談後，您能夠從而了解到，她是一位家庭主婦，有一個女嬰和三歲的兒子，並且還同時照顧著鄰居的男嬰。知道了這些情報，待她下次來購物時，您可以推薦她一些正在促銷的季節性生鮮、適合學齡前兒童的玩具、某種新型尿布，而不用特地告訴她有關辦公用品的資訊，因為您知道她沒有特定理由對此感興趣。

9.11.5　如何辨別有價值的大數據來源和機會

讓大數據創造價值的關鍵在於使用數據來進行模擬，例如：模擬出當您親自觀察每一位顧客後，會做出什麼樣的措施（在政府和非營利組織的應用中也能找到類似的機會，雖然得到的報酬不一定是金錢）。因此，透過大數據獲利的典型機會可以在線上的直接行銷中找到，除了線上零售商會進行線上的直接行銷以外，非營利組織和政治募資者亦是如此，這些應用很常見，因此充滿機會。要想從中獲利，就需要正確類型的數據，重要的是不僅僅取決於大小，而是資料來源的適用性和豐富程度。理想的大數據來源具有以下幾點特徵：

- **與特定商業問題的相關性**：如果目標是向某個人進行銷售，則資料來源必得包含與直接在傳統商店觀察此人時相同類型的資訊，例如：這個人是誰？他是什麼時候來到商店？他有沒有進行購買行為？他買了什麼？他是回頭客嗎？他是購買原價商品還是折扣商品？
- **細節**：你必須擁有關於個人和個別交易的資訊，因此僅靠聚合資料是不夠的。
- **品質**：雖然無法找到完美的資料集，但若其中的資訊大部分都不正確，那也是無用的。因此在投入時間進行分析之前，需要仔細對資料的質量進行檢查，以評估每個資料集。
- **可用性**：在預測進行建模的過程中，所使用的數據必須是可用的且有持續更新。
- **行動路徑**：數據中必須包含某些識別碼，讓您能夠採取對應行動。您不一定需要顧客的名字，但您必須能夠將優惠送達給正確的人。

9.11.6 大數據工作環境

請記得，一個 IT 計畫的預算越高，失敗的風險就越大，應壓抑住想從大規模計畫開始的衝動，轉而從小規模、低風險的計畫開始，來管理大數據分析中的風險。而當數據的規模相當龐大時，您應該怎麼做呢？其實沒有必要使用特殊的分析方法，只需限制計畫的範圍即可，例如：只觀察銷售範圍內的其中一種產品，而非所有產品，並在一開始使用合適的數據樣本即可。

您可以使用與大多數其他類型資料分析相同的過程和方法，來執行初階的大數據計畫。典型的資料分析計畫與初階大數據計畫之間最顯著的區別是，獲得合適數據樣本的過程可能會更加複雜（IT 部門的對應人員並非統計抽樣技術的專家，請規劃完善並提供詳細的指引）。此外，還要考慮到所選擇之分析方法的可擴展性，當應用在大量數據上時，有些分析方法速度緩慢的不切實際。請記住，通常可以只使用少量的資料來開發模型，較大的資料集則用來對模型進行驗證評分，如此可大大降低所需的計算能力。

9.11.7　大數據需要有建設性的團隊合作

在處理少量數據時，部分資料分析師會偷工減料，例如：沒有透過正當的管道來獲取數據；沒有好好記錄自己的工作，甚至根本就不記錄；將數據、程式碼和報告存放在奇怪的地方，且不與那些應該要有存取權的人分享；此外，還會使用錯誤的工具。他們所做的這些事情，都是非常糟糕的商業陋習，而且經常都能僥倖掩蓋過去，且儘管這些工作最終並沒有取得理應要有的預期結果，也沒有達成有意義的資料分析，但是大多數這些混水摸魚的資料分析師並不會丟掉工作，或受到主管的責罵。

但在處理大數據時，絕不能像上述一樣偷工減料或逃避責任，也不能把大數據來源藏在自己的筆記型電腦中，因為若沒有透過適當的流程，則根本無法獲取數據。且這項工作會引起眾人關注，並且會被要求做出更多的解釋和進行更完整的記錄。要將分析結果投入到實際運用中，意味著您的模型必須整合到業務系統中，而這是無法獨自完成的。大數據的成功是依賴於具有不同技能和職責的人員，需要團隊共同合作才得以實現共同的目標。

9.12　文本在分析中日漸增加的重要性

1990 年代之前，在資料分析中通常不會觸及文本分析，文本分析亦非統計學家培訓中的一環，而社會科學家確實會使用文本，但使用過程卻是以手寫的，企業經常將其委派給外部專家。在 1990 年代末期，開始出現文本分析的工具，但在分析界中，文本分析所引起的關注，遠遠不如當時剛興起的資料探勘領域。然而，此時卻有一個文本分析的應用：「線上搜尋」，開始被廣泛使用，並成為日常生活中的一部分。

如今，我們已有著數百種的文本分析產品，不單是存在於學術研討會和用戶展示會中，甚至每一位與時俱進的資料分析師都對文本分析有所了解，而大眾也已經從《印度時報》、《經濟學人》、《紐約時報》以及其他媒體中對文本分析有所認識。

9.12.1　非結構化數據資源

電子數據格式中所儲存的資訊，有越來越多是非結構化的，即並非數字和類別等傳統的數據格式。隨著電子數據的儲存成本急劇下降，越來越多各種形式的數據被儲存於其中，例如：

- **影片**：保全與監控、研究、通訊、娛樂、個人錄像。
- **音頻**：通話監控、通訊。
- **圖像**：識別、個人和商業攝影、偵察、醫療圖像。
- **文本**：訊息、文件、聊天、新聞、電子郵件、協助請求、保固申請。

在這些形式中，文本是最受資料分析師所關注的。許多文本來源被認為其中含有著有用的資訊，雖然文本分析可能比傳統的資料分析更不完美且困難，但在許多方面，與其他形式的非結構化數據相比，處理文本還是簡單一些。

9.12.2　對文本分析的認識

對於一般人而言，性能強大的電腦在近幾年才逐漸變得普及。1960年代的電腦極其昂貴，並且只有幾百 KB 的記憶體，連儲存現今一張照片都不夠。到了 1990 年代，許多辦公室的上班族開始接觸到個人電腦，這些電腦的性能足夠日常的文書處理和儲存當時的商業文件，這些文件所需的空間大小，按今天的標準來看是極小的。短短時間內，電腦就變得足夠便宜和大眾化，使得以電腦進行文本分析成為可能。

雖然現在文本分析已經成為可能，但在使用上我們也面臨著幾個主要問題：

- **相關性**：被隱藏在文本來源中的資訊，對於解決各種商業問題來說是非常有用的。
- **義務性**：投資者投入了大量資金來創建和維護文本的來源，因此投資者會要求有所回報。
- **認知性**：文本分析的技術正在變得更便宜、更有效、易於獲取且越發常見。

然而，在文本分析成為資料分析師日常工作的一部分之前，我們還有很長的路要走。

9.12.3 展現價值的挑戰

在 Alta Plana Corporation 於 2014 年進行的文本分析市場研究中，42% 的文本分析用戶聲稱他們已經實現投資的正回報。但換句話說，仍有超過一半的文本分析用戶並沒有賺到錢。

當我們查看文本分析產品的宣傳資料時，可以發現導致上述問題的可能原因。這些資料中所提到的好處相當模糊，儘管有提到如相關見解、趨勢、了解客戶等，但這些東西的確切價值是什麼？一位主管能採取什麼行動將這些東西轉化為具體、可衡量的回報？簡而言之，僅靠購買軟體就期望能獲得相關的見解，並不是一個理想的計畫。

我們需要像對待其他商業投資一樣對待文本分析，從一個適合的商業計畫開始，來確保投資的正回報。這份計畫應包含問題描述及對業務的影響（相關的成本）、提議解決方案，以及與解決方案相關的成本和帶來的好處。這些都可以用財務的術語來進行表達，理論上它應能產生收入增加或成本減少，藉以抵消該解決方案的成本。然而實際上，相較於收入增長的承諾，對許多決策者而言，提供節省成本的解決方案會更具吸引力。

9.12.4 文本分析的實際應用

能夠在日常工作上減少固定成本的文本分析應用，是獲得投資正回報的最佳選項。當您已經熟悉其中一些應用，並且了解它們所具有的特點後，要識別出有潛力的應用就更加容易了。以下舉出十個相當不錯的例子：

- **程式編碼**：對開放式調查的回覆進行分類。運用這些回覆的企業經常將數據交由外部公司來進行程式編碼，而此一過程既緩慢又昂貴，且經常產生不一致或質量低劣的結果。
- **翻譯**：人工翻譯需要專業的譯者，礙於時間和成本的壓力常常導致無法找到合適的譯者。自動翻譯雖然不完美，但卻能產生快速且一致的結果。
- **技術支援**：能提供即時技術支援的真人線上服務成本高昂，且通常需要顧客長時間排隊等候。因此，能夠使顧客自動找到所需資訊的應用程式，可以減少成本和等待時間。
- **客戶服務**：自動解決非技術性問題，也同樣可以節省金錢和時間。
- **主題導向**：單一聯絡窗口收到的訊息經常涉及多種不同的主題，例如：發給銀行的訊息可能包含開設新帳戶的請求、貸款申請、記者採訪、客訴以及許許多多其他主題，每個主題需交由不同的部門來進行處理。一家大銀行可能額外聘請多位全職員工，來專門對訊息進行分類，並將它們傳送給適當的部門進行處理。這時自動導向就能夠降低成本，並避免傳送過程中的延遲。

- **內容監控**：通訊軟體和其他社交媒體的應用程式需要進行監控，以確保能夠阻擋不適當的內容。例如：陌生人不應該出現在兒童通訊軟體中，然而對於人類監控者來說，要追蹤發生在不同語言中的大量線上對話是非常困難的。但有了文本分析的幫助，監控者可以更高的速度和完整性做到這件事。
- **客戶流失**：客戶的流失會對企業本身造成傷害，且為獲得新客戶需要投入的成本是相當高昂的。因此，任何有助於企業即時採取行動挽留客戶、於早期就辨別出有流失風險中客戶的應用程式，都具有商業價值（金融服務公司 Paypal 的 Han-Sheong Lai 演示了他利用文本分析成功辨別出有流失風險的客戶，他採取了一種簡單而有效的方法來尋找這些客戶，也就是透過搜尋具有直接意圖的聲明訊息，如「我要關閉我的帳戶」）。
- **銷售流失**：比客戶流失更微妙的現象是來自活躍客戶的潛在銷售流失，當一個客戶想要但卻沒有購買時，企業就會產生損失。能夠幫助企業辨別出這些情況，並採取行動以克服銷售障礙的應用程式，可以為企業保留收入。
- **保固申請**：退回有缺陷產品的客戶，提供了有關質量問題的寶貴資訊，而且這些資訊幾乎全部是文本形式的。文本分析可以快速的辨別出缺陷的原因，使提早採取糾錯措施成為可能，從而減少損失，保護企業的聲譽，甚至可能挽救生命。
- **責任和訴訟**：一場訴訟可能需要對數百萬份獨立文件進行法律審查，專門針對此領域的應用程式「電子蒐證」(e-discovery)，能夠使律師工作更有效率，並提高生產力以減少準備訴訟所需的時間。

因此，在評估文本分析的潛在用途時，應先確認以下幾個基本問題：

- 這項工作絕對必要嗎？
- 執行這項工作的成本是否過高？
- 使用文本分析是否可以顯著降低成本？

若這三個問題的答案皆為「是」，即均可能透過文本分析獲得投資正回報。

結論

如今的一切決策大多仰賴分析，從小型商家的決策到大型公司採購伺服器的決策，都會使用到某種形式的分析。隨著高階分析技術和探勘大數據能力的出現，現在得以利用更佳的方式來進行分析。數據會講述故事，並揭示隱藏於其中的事實，而擁有如此多的資訊，我們可以讓這些數據更有說服力。商業決策一直是受關注的主要領域之一，而商業分析和大數據可以在很大程度上提供幫助。商業分析需要從大數據中提取有用的資訊創造商業價值，同時也會伴隨著挑戰，我們可以藉由有效的文本探勘和數據間的關聯性來克服這些挑戰。

選擇題

1. 以下何者為大數據的主要來源?
   (a) 傳統的商業活動　　　　(b) 用戶生成的內容
   (c) 機器監控　　　　　　　(d) 以上皆是

2. 對於分析來說,最有說服力的商業案例主要強調哪一部分?
   (a) 有價值的見解　　　　　(b) 收入增加
   (c) 成本減少　　　　　　　(d) 以上皆是

3. 相較於傳統的資料分析應用,對大數據分析影響最大的因素是什麼?
   (a) 隨機性　　(b) 可擴展性　　(c) 結構性　　(d) 以上皆非

4. 保全與監控影片、醫療圖像和文字訊息等數據來源,被認為是屬於下列哪一類?
   (a) 不受監管的　(b) 去監管化的　(c) 非結構化的　(d) 以上皆非

5. 道格・拉尼確立了大數據的關鍵要素為哪三項?
   (a) 大量、高速、多樣性　　(b) 大量、高速、真實
   (c) 位置、位置、位置　　　(d) 以上皆非

概念回顧題

1. 資料分析必須與什麼結合使用,才能為組織帶來具體的好處?
2. 為什麼團隊合作對於處理大數據來說是必須的?
3. 分析計畫能提供的兩大類好處是什麼?
4. 資訊科技的計畫預算越高,失敗的風險越高還是越低?

CHAPTER 9　當今商業領域中的分析

批判性思考題

1. 為什麼主管可能會抗拒使用數據和分析？
2. 為什麼在商業媒體的報導中，相較於分析失敗的故事，分析成功的故事更多？
3. 一篇新聞報導中，對商業分析計畫的結果提出了一些有趣的看法。請問您可以使用哪些資源來調查這些看法？

實作題

1. 廣告結果的預測：
   (a) 請準備 10-12 對不同的廣告（請使用工作上的真實案例，如若沒有，可參考以下網址中所提供之範例或其他範例來源：https://www.facebook.com/whichtestwon/）。
   (b) 邀請多位對這些廣告或測試方法並不熟悉的人來審視每對廣告，請他們猜測哪個廣告的效果較佳，並記錄每個人的回答。
   (c) 請將這些預測與每組廣告實際的結果進行比較。
2. 用數據講述故事：
   請選擇一個您工作上的資料分析計畫案例。
   請由數據來推測其所代表的用戶行為。例如：一些行動廣告的數據，反映了行動設備用戶的體驗，請使用所有得到的資訊來源來描述該用戶，註冊的資料可能會提供姓名等細節，還有用戶的歷史紀錄以及其他的資料來源，可藉以了解一個典型用戶的興趣或者消費族群的細節。
   請根據此用戶的角度來講述故事，解釋從數據中反映出的經歷，如用戶當時正在嘗試做什麼？接著發生了什麼？後接續的情形為何？最終結果如何？

3. 提出一個分析計畫：

    請找出一個能夠應用您所熟悉的分析技術來解決的真實商業問題，請不要挑選過於宏大、廣泛的商業問題，請選擇單一、小範圍、明確的問題。為了解決此商業問題，請撰寫一份 1-2 頁的企劃書，並提出一個包含以下元素的資料分析計畫：

    (a) 講述該問題以及它在商業上所造成的影響（內容請限縮在一個段落的範圍內）。

    (b) 對提出的分析工作與期望結果進行摘要（內容請限縮在一個段落的範圍內）。

    (c) 列出所需要的數據（是否已有數據或需要另外收集）。

    (d) 列出所需的團隊（團隊的分工情形）。

    (e) 計畫的各階段（包含時間線）。

10 結語

DR. PARAG KULKARNI

　　大數據已成為當代科技的新潮流，無論是網路、資料探勘，還是資料管理，我們都開始用大數據的概念來進行討論。有許多不同的書籍探討了大數據與資料探勘的各種面向，而大數據通常是個涉及許多不同面向的龐大數據，它可能是從社交網路中生成，也可能是與大型活動、全球互動相關的數據。由於大數據非常龐大、來自各種不同的來源、涉及的範圍更廣，以非結構化與結構化數據所組成，因此對這些非結構化的大數據進行探勘與關聯時，會涉及到不同類型的資料探勘。

　　本書主要討論大數據與非結構化資料探勘的各個面向與挑戰。大數據的機器學習與傳統的機器學習不同，傳統的機器學習技術大多是由模式所驅動 (pattern-driven)，並專注於資料集的一小部分。大數據的機器學習則更加全面，它需要考量到上下文，也得面對資料表示法的相關挑戰，此外，它還必須增量學習。書中亦初步涵蓋了大數據以及隨後發展出的一些技術，上下文是學習的關鍵，識別整體的關係、確認主題並找出主題間的關係，能夠幫助我們對大數據進行整理與探勘。

　　其他的方面如聚類、增量學習、多標籤關聯與知識表示法，在書中都有詳細的探討，從大數據為整個系統帶來的價值，到它是如何提供這些價值，這些問題在內文中被反覆地討論。擁有許多的可用數據也會造成一些困擾，例如：這些新數據是否會對結果的產生造成影響？一些研究者表示，他們對過多的大數據並不感興趣，數據的存在是為了提供價值，處理大數據並使其可用於決策制定並非真正的最終目標，我們真正想要的是找出如何運用數據方法，並使世界變得更美好。

基於大數據所展現出的潛力，我們需要制定新的學習方法來最大程度地利用它，而大數據分析、大數據探勘、大數據學習與大數據智慧是否能做到這些呢？透過對非結構化數據進行簡單的實驗，我們可以嘗試使用大數據來解決問題。構建出全面的視角，以充分利用數據來創造價值是本書的宗旨，大數據時代的到來可能會為所有資料探勘概念帶來革新。大數據為決策制定開啟了一條新的大道，這是在觀念上的轉變，從抗拒數據到親近數據並解讀數據，逐步邁向大數據。而這些數據是否真的滿足了我們的需求？為了釋放出數據中的神奇力量，因此，大數據的思維需要達到一個全新的層次。行為分析與異常檢測在大數據的協助下，有望得到更好的結果，因此，讓我們在保持全面性觀點的同時對大數據進行思考，並致力於改善這個世界。

而接下來會發生什麼事呢？這是至今仍沒有正確答案的艱難問題。大數據增強了數據的連結性與關聯性，讓我們能夠通往系統化觀點，擁有全面性視角的大數據，將為我們帶來系統化數據。如何高效、有系統性的進行學習，以及是否能以正確的觀點來檢視數據，是我們當前要面對的挑戰。面向大數據的商業分析將有所不同，實際上，大數據本身是無法解決問題的，我們需要有強大的學習和分析機制才能解決問題。

過多的數據是否有害？我們仍嘗試回答這個問題。強大的探勘技術和全面的學習技術支持，正推動著大數據的浪潮。當思維方式發生變化時，許多的傳統觀念將會瓦解，因此迫切需要研究與技術來推動大數據框架的發展，對於大數據而言更是如此。大數據正在開闢新的研究與分析領域，對其持續研究將會強化分析與探勘，並引領世界的進步。

附錄 I
以大數據觀點介紹 Hadoop

Dr. Sarang Joshi

前言

　　隨著計算能力的提升，包括可擴展、多核心、多任務和分散式的架構的進步，建立能夠有效利用它們的軟體是相當重要的一件事。由於產生數據的感測器其便攜性和易連接性，帶動了資料儲存、解讀、業務分析等方面的進步，即被稱為大數據。Apache 的 Hadoop 是一個軟體架構，它能夠使用簡單的程式函數在計算機叢集之間進行大型資料集的分散式處理。Hadoop 可以將操作從單一伺服器擴展到多個計算機器，而這些機器會提供本地計算和儲存的功能。

　　關於Hadoop的詳細研究可參考http://hadoop.apache.org，它提供了許多非常重要的參考資料。截至2024年3月，Hadoop的最新版本為3.4.0。

組成 Hadoop 架構的模塊

　　Hadoop 架構的基本構建模塊包括：

1. Hadoop Common。
2. HDFS（Hadoop Distributed File System，Hadoop 分散式文件系統）。
3. Hadoop Yarn。
4. Hadoop MapReduce。

Hadoop 的架構可見圖 A1.1。

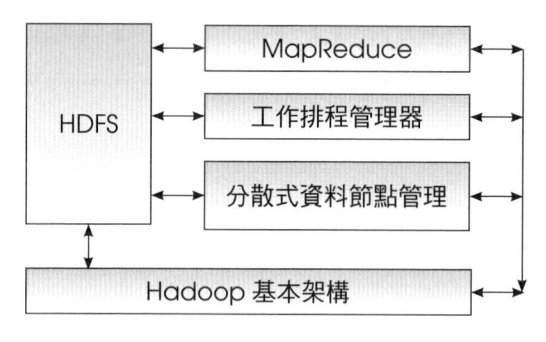

圖 A1.1　Hadoop 功能架構

Hadoop Common

　　它具備了支援 Hadoop 架構中其他模塊需要的所有共同功能。近期的版本還增加了將 Windows Azure Storage-Blob 作為 Hadoop 文件系統的支援。

　　這些先進功能需要使用 JDK7 以上的版本。Hadoop Common 被認為是 Hadoop 基本架構的核心或主要支柱。它也被稱為 Hadoop Core。它會透過 JAR(Java Archive Resource) 和腳本文件的幫助，來初始化和啟動其他模塊，如 HDFS、Yarn、MapReduce 和其他與 Hadoop 架構相關的安裝。它會創建必要的資料結構和其他系統空間，以建立與主機作業系統及其文件系統的通訊，為其他文件提供連結，並讓那些由 Hadoop 社群所開發的應用程式得以相互連結。

　　Mini cluster 是 Hadoop Common 中提供的重要服務之一，它用於啟動和停止 Hadoop 的實體單機，並可以在無需設置變數或管理配置文件的情況下完成，在 Linux 或其他衍生平台上，可以使用以下指令啟動 CLI MiniCluster：

附錄 I　以大數據觀點介紹 Hadoop

在上方範例指令中，<JT_PORT> 與 <NN_PORT> 應替換為用戶的通訊埠編號，否則將會使用隨機的閒置通訊埠，此外，該行指令中的參數數量可另行調整設定。

Hadoop 的另一個元件是 Hadoop 架構的本地函式庫 (Native Libraries)，這些文件的副檔名會是「.so」，例如：ibhadoop.so，根據環境（底層作業系統和硬體）的不同，某些函式庫的安裝可能會有所差異。

HDFS

HDFS 是 Apache 的 Hadoop 分散式文件系統，使用 Java 編寫。它被設計用在運行於支援 GNU/Linux 作業系統或其他衍生系統（如 Fedora、Java）的商用硬體上，能夠支援非常大型的資料集，並且可以輕鬆地與異構平台一同使用。它的設計主要是用於資料集的批次處理上，且具有容錯能力，並且能夠為應用程式的數據提供高吞吐量存取。使用 HDFS 的應用程式透過串流存取資料集，而非像一般文件系統那樣更為注重延遲時間的改善或要求低延遲時間。HDFS 下的資料集非常巨大，能夠達到 GB 級別。HDFS 具有提供高聚合數據頻寬的特性，並且能在叢集中擴展大量節點，同時支援給定實體中的大量文件。由於在中央伺服器存在大量資料集的共享，HDFS 應用程式更傾向於使用一次寫入、多次讀取的存取模型來處理文件，這些類型的文件一旦寫入，便很少發生改變，有助於減少資料的不一致性問題，從而實現快速的資料存取，在如 MapReduce 和網絡爬蟲這樣的 Hadoop 項目應用中，可以發現它是一種適用改善吞吐量的設計。作為一個分散式且適合異構平台的系統，大型資料集的轉移是一個重要問題，因此會建議在資料集所在之處進行計算，HDFS 支援行程可移動的特性，這種將行程或計算移動至更接近大型資料集所在之處的特性，不只減少了網路壅塞問題，也改善了資料遷移的錯誤問題，從而提高了系統的整體吞吐量。HDFS 的相關文件更新可見 http://hadoop.apache.org/hdfs/。

NameNode 與 DataNode

　　HDFS 採用分散式設計,支援 Java 的客戶端─伺服器端架構。其主伺服器是單一的 NameNode,管理著文件系統,並為客戶端的存取提供必要的存取權限和身分驗證。通常在一個叢集中,每個節點可以有許多 DataNode,任何支援 Java 的硬體都可以用來創建 NameNode 和 DataNode,這些 DataNode 是重要的本地儲存管理器,位於節點處以執行任務。接著會在文件系統中創建命名空間,而用戶資料則儲存在文件之中,在命名空間上創建的文件可能會被分割成一個或多個資料區塊 (block),然後儲存在 DataNode 中。DataNode 負責處理客戶端對資料區塊所提出的讀寫操作請求,也會根據 NameNode 的指令來進行資料區塊的創建、刪除和複製。

　　NameNode 除了執行開啟、關閉和重新命名文件及目錄等文件處理操作外,還負責將這些資料區塊對映到 DataNode 上。NameNode 是所有 HDFS 後設資料的仲裁器和儲存庫。圖 A1.2 為 HDFS 的架構。

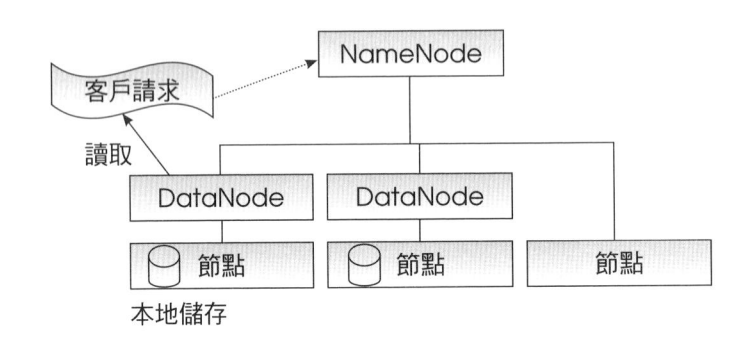

圖 A1.2　HDFS 架構

附錄 I　以大數據觀點介紹 Hadoop

　　由於支援 GNU/Linux 衍生的作業系統，因此 HDFS 也支援具有命名空間的傳統階層式文件系統，但並沒有支援對資料集進行硬性和軟性連結。NameNode 會在叢集中管理和維護命名空間，根據應用程式指定的複製需求，可以透過後設資料描述來實現資料集或文件的複製，以維護資料複製管道。通常，由 NameNode 進行維護和管理一對一 (one-to-one) 的 DataNode 節點對映。除了最後一個資料區塊以外，實體儲存／記憶體上的資料區塊大小均相等，HDFS 所維護的典型資料區塊大小為 64 MB，因此將其稱為 64 MB 資料區塊 (64 MB data chunk)，且資料區塊可以被組織到一個或多個 DataNode 上。

　　資料複製管道可透過配置資料複製大小來進行運作，比如說設定為 3，然後，接收的資料不會直接到達 NameNode，而是會先在一個節點上填滿資料區塊。使用 4 KB 大小的資料封包 (data packets) 來接收資料，然後將其傳輸到 NameNode 所指定的另一個複製節點，這個過程會持續，直至達到複製係數 (replication factor) 為止，然後再處理下一個資料區塊。而上述流程會一直循環，直到所有資料都傳輸完畢，在資料儲存和所需複製都完成後，會更新 NameNode 維護的後設資料。

　　當 DataNode 中的可用空間低於配置的閾值時，HDFS 會透過將數據重新整理到相對空閒的 DataNode 來進行叢集重新平衡。任何來自客戶端的請求或重新平衡都需要對資料進行驗證，會透過檢查碼 (check-sum) 來執行驗證作業。FSImage 和 EditLog 是 HDFS 中的兩種資料結構，用於後設資料的認證，這些資料結構會由 NameNode 進行複製，以確保當後設資料出現錯誤時，可以使用其他副本來回復並保持系統的持續運作。

　　FS shell 是 HDFS 提供的命令列介面 (command line interface)，用於使用者與資料之間的交互操作。表 A1.1 列出了部分 FS shell 的指令。

表 A1.1　FS Shell 指令表

FS 指令	功能
bin/hadoop dfs-mkdir/MyWorkDir	建立 MyWorkDir 目錄
bin/hadoop dfs-rmr/MyWorkDir	移除 MyWorkDir 目錄
bin/hadoop dfs-cat/MyWorkDir/myfile.txt	檢視 MyWorkDir/myfile.txt 的內容
FS 管理者指令	
bin/hadoop dfsadmin-safemode enter	將叢集設定為安全模式
bin/hadoop dfsadmin-report	生成 DataNode 列表
bin/hadoop dfsadmin-refreshNodes	重新整理或更新 DataNode

MapReduce 架構

隨著 HDFS 及其分散式特性的引入，人們認識到，在 Hadoop 系統上對資料集進行運算是一項相當具有挑戰性的任務。MapReduce 是一種軟體架構，可用於撰寫應用程式，對數 TB 的巨大資料集進行容錯計算處理，或者在多達數千節點的大型叢集中，平行處理以 PB 為單位的大數據，並且，這一切都可以在一般商用硬體上實現。

資料集會被細分形成可用於運算的區塊，這些區塊本質上是相互獨立的，因此運算會以並行的形式運行，其生成的結果會被進行排序，並作為 reduce 任務的輸入。這些文件可同時作為輸入和輸出，工作佇列維護當前正在執行、休眠或失敗等狀態的任務，並安排執行。對於小型叢集而言，典型的做法是將計算節點和儲存節點置於同一節點上；換句話說，HDFS 和 MapReduce 應用程式會位於同一節點上，並在該節點上執行，以釋放頻寬空間。

MapReduce 架構的應用程式會負責處理輸入，以〈鍵, 值〉格式儲存並且輸出給 reduce 使用。輸入—輸出的重疊窗口有助於減少資料集的傳輸並釋放頻寬。由於這些表單非常巨大，鍵 (key) 與值 (value) 的類別必須將資料集序列化，從而實現可寫入介面 (writable interface)。

附錄 I 以大數據觀點介紹 Hadoop

　　為了進一步說明，讓我們舉一個簡單的例子：將 10 個 2 進行相加。這原本可能需要多次迭代計算，但是透過將 10 次「+」和 2 的 map，簡化為 10，並 reduce 操作映射至一個 *，最終成為 10*2 的單一操作。mapper 和 reducer 會透過〈鍵，值〉對，來產生中間的鍵值，換句話說，輸入的紀錄被轉換為中間紀錄。MapReduce 架構使用 Job.setMapperClass(Class) 來為多個工作的每個子輸入生成一個 map 任務，然後，每個子輸入會呼叫 map (WritableComparable, Writable, Context)，並可以使用 cleanup (Context) 來進行各種清理需求。這些中間的 map 會呼叫 context.write (WritableComparable, Writable) 函式，而迭代次數會被計算以用於統計。

　　對於分組輸入上下文中每個子劃分的〈鍵，值列表〉對，Reducer 會呼叫 reduce (WritableComparable, Iterable <Writable>, Context)，這些未排序的輸出結果會透過 Context.write (WritableComparable, Writable) 來寫入到文件系統中。假如這些任務不能進一步 reduce，則 reduce 任務的數量為被歸零。

　　在分散式和並行處理中，記憶體總是扮演著非常重要的角色，虛擬記憶體對於計算來說是必須的，可以由 MapReduce 的使用者或管理員透過 mapreduce.{map|reduce}.memory.mb 為每個處理設定以 MB 為單位的使用上限，指定的上限值不能小於 -Xmx 參數的設定，並且會被傳遞給 Java 虛擬機，否則虛擬機無法啟動。

　　MapReduce 架構中有兩個主要元件；即一個主節點 ResourceManager 與一個從節點 NodeManager，另外每個應用程式都會有一個 MRAppMaster，為了成功執行操作，這些元件會透過使用多種資料結構同步工作。

　　MapReduce2.X 又被稱為 MRv2 或 Apache YARN，與傳統的 MapReduce 相比，YARN 的主要特性是將 Job Tracker 的功能分為兩個常駐程式 (daemon)：ResourceManager 和 NodeManager，分別負責

資源管理和工作調度，ResourceManager 和 NodeManager 構成了計算網路系統，ResourceManager 控制應用程式和系統，在提交工作並執行之前，一個特定架構的 ApplicationMaster (AM) 函式庫，會透過與 ResourceManager 協商，以獲取資源並與 NodeManager 聯合執行和監控任務。ResourceManager 有兩個主要模組：排程器 (Scheduler) 和應用程式管理器 (ApplicationsManager)。排程器會透過計算容量和佇列等參數，來對各個執行中的應用程式進行資源分配。應用程式管理器負責接受工作提交、為執行應用程式專屬的 ApplicationMaster 創建第一個容器，並在容器出現錯誤時提供重啟服務的功能。

Apache Hadoop 生態系統中的應用程式

Pig

Apache Pig 是一個用於分析龐大資料集的平台，包含資料分析程式所需的高級語言。Pig 擁有一個編譯器 (compiler)，能夠產生一系列的 MapReduce 程式，這些程式可用於現行的大規模並行實作環境中。Pig 的語言包括一種稱為 Pig Latin 的文本語言，具有簡易性、優化性和可擴展性等編程上的關鍵特性。Pig 可以在本地模式 (local mode) 和 MapReduce 模式下進行使用。

Hive

Apache Hive 是一款支持資料倉儲應用的軟體，可查詢和管理分散式儲存的大型資料集。Hive 查詢是使用一種類似 SQL 的語言，稱為 HiveQL，這種語言也允許傳統的 Map/Reduce 程式設計師在撰寫 HiveQL 程式不易表達其邏輯或效率過低時，可以插入他們自定義的 mapper 和 reducer。

Sqoop

Apache Sqoop 是一款專為 Hadoop 和結構化的關聯式資料庫之間，能高效率傳輸大量資料的軟體。

Flume 介紹

Apache 的 Flume 是由 Apache 專為分散式系統所推出的應用程式，可從分散的資料來源中高效率的收集、聚合大量紀錄數據，並將其集中儲存。當紀錄數據進行移動時，會呼叫一個 Flume 事件，產生以 byte 為單位且擁有多個字串屬性選項的資料流，這個事件是一個承載了資料元件的 JVM 行程，透過這些資料元件，事件能夠從外部的來源流向下一個跳轉點或目的地。

ZooKeeper 介紹

Apache 的 ZooKeeper 是一個開源伺服器專案，它透過保存大型叢集環境所需的共同物件，使中心化基礎設施和 Hadoop 叢集的服務能夠同步。這些共同物件會保存各項資訊，包括配置資訊、命名服務的階層式命名空間、群組服務、同步服務，以及 Hadoop 叢集運作所需，以應用為驅動的共同物件。

ZooKeeper 伺服器會透過紀錄文件和每個行程的記憶體區域來維護系統資訊的狀態，龐大的 Hadoop 叢集會由多個 ZooKeeper 伺服器經由階層式結構來進行維護，客戶端可與任一 ZooKeeper 伺服器傳輸數據或資訊狀態，以檢索和更新同步資訊。應用程式可以在 ZooKeeper 伺服器中創建一個持續存在於記憶體的文件，稱為 znode，伺服器會監控 znode，以同步與應用程式相關的各項資訊，而叢集中的任何節點都可以對 znode 進行更新，更新的變化會被通知給叢集中所有註冊的節點，叢集中的任何節點都可以註冊至 znode 以接收此類更新，因此，透過使用 znodes，Hadoop 架構下的應用能夠在分散式叢集間維持任務的同步，這樣的更新會透過叢集範圍狀態中心化服務的幫助，傳遞至階層式結構中的上層，以在分散式環境中的伺服器間對任務進行管理和序列化。

最新版本的 ZooKeeper 可至 Apache 的網站 (https:// zookeeper.apache.org/) 進行安裝。ZooKeeper 伺服器可在 ZooKeeper 目錄路徑中執行以下指令啟動：

/bin/zkServer.sh start

接著使用以下指令，從其中一個 ZooKeeper 伺服器主機啟動 CLI Manager：

/bin/zkCli.sh server

zkserver1.abc123.com:2181, zkserver2.abc123.com:2181, zkserver3.abc123.com:2181

CLI Manager 會提供位於 abc123.com 2181 連接埠 (port) 的伺服器列表，並選擇其中一台伺服器進行連接，如果無法成功連線，那麼將會選擇該份列表中的下一個伺服器進行通訊，並將客戶端連線轉移到這台新分配的伺服器上，而這些資訊會被保存在 zoo.cfg 文件中。非常重要的一點是，CLI Manager 提供的所有機器上，使用的連接埠都必須是開放的，如果客戶端連線被啟動，那麼就可能會創建具有編輯和刪除功能的 znode。znode 可以透過 create/my_znode 指令來進行創建，且 my_znode 的「Hello World!」訊息會廣播至本地主機 127.0.0.1:2181 的所有連線，而移除 my_znode 則可以使用指令 rmr/my_znode。

ZooKeeper 有兩個主要特性，首先，ZooKeeper 是有序的，每次更新 ZooKeeper 都會用一個數字識別碼進行標記，這個識別碼會反映所有 ZooKeeper 執行工作的順序，因此支援同步操作，從而實現順序一致性。ZooKeeper 的另一個特性是支援高速的工作負載。它在「讀取主導」(read-dominant) 型工作負載中更有效率，讀取負載平均可以強化至十倍，因此能夠可靠且及時地執行處理。

ZooKeeper 的命名空間與標準的開源文件系統非常相似，均以斜線 (/) 開頭，在傳統的文件系統中，葉節點 (leaf node) 是資料節點，而 ZooKeeper 的節點則可同時保存資料和路徑的連結，且這些資料包含可移轉且微小的資訊，如狀態資訊、配置和位置資訊。階層化的存取控制列表 (Access Control List, ACL) 與時間戳的更新、變更，都由 znode 進行維護。

表 A1.2 為 ZooKeeper 的指令列表。

表 A1.2　ZooKeeper 指令列表

指令	功能
create	在樹中位置建立節點
delete	從樹中刪除節點
exists	測試樹中位置是否存在節點
get data	從節點中讀取資料
set data	將資料寫入到節點中
get children	檢索子節點列表
Sync	等待資料傳播

ZooKeeper 的應用

ZooKeeper 作為一個分散式系統，擁有大量的多用途應用程式。當 HDFS 的 name-node 出現錯誤情形時，Hadoop 會利用 ZooKeeper 來確保 YARN 資源管理器的高可用性。Hbase 是一個在 Hadoop 中使用的分散式資料庫，用於選擇主節點、區域伺服器及其通訊。Neo4j 則是一個分散式圖形資料庫，使用 ZooKeeper 進行主節點選擇和讀取從節點的位置。其他如 Solr、Mesos 等 Apache 應用程式，也會使用 ZooKeeper。

使用 Hadoop 進行大數據探勘

如今，商業上的成功幾乎都得仰賴於儲存和分析大型資料集或大數據的能力，原始資料或資料集會被進行探勘處理，並從大數據中獲得人們所期望的智慧化分析結果。因此，Hadoop 一次寫入、多次讀取類型的特性，對於大數據探勘而言是非常好用的。能夠在傳統設備上對資料集進行分散式和平行處理，是 Hadoop 在大數據探勘中的一大優勢，可對行程進行移轉而非資料集移轉的特徵，對於大數據探勘而言也相當具有優勢，因為可以利用遷移計算，而非遷移整個資料集的方式，來處理以 PB 為單位的資料集，節省大量網路頻寬並產生快速回應。由於可以同時從不同的動機或用途來切入大數據資料集，商業智慧在使用 Hadoop 架構進行大數據處理方面有著數不盡的應用。

附錄 II
安裝並執行 GATE

1. GATE 的前置需求

應先進行 Java 2 環境的安裝。

(1) GATE 3.1 可搭配 1.4.2 的版本。
(2) GATE 4.0 bate 1 及後面版本可搭配 5.0 的版本。
(3) GATE 6.1 及後面版本可搭配 6.0 的版本。

Installation 安裝

現行最穩定的 GATE 版本，可至以下連結下載 :http://gate.ac.uk/download/。

2. 如何運行 GATE

Linux 用戶

(1) 從 http://gate.ac.uk/download/ 下載 GATE 工具。
(2) 解壓縮。
(3) 進入 bin 並執行 gate.sh。

(4) 在終端命令列介面中，輸入 ./gate.sh 執行。

Windows 用戶

(1) 從 http://gate.ac.uk/download/ 下載 GATE 工具。
(2) 解壓縮。
(3) 執行 gate.exe。

3. GATE 的特點

(1) GATE 中包含了 ANNIE（一款新型的資訊提取系統）。
(2) GATE 中有多種插件可提供機器學習、查詢、詞性標記 (POS tagging) 使用。
(3) 文本上的標註會由 JAPE transducer 進行操作。
(4) GATE 可以處理各種檔案格式，包含 PDF、ODT、HTML 等。

4. 重要術語與其定義

(1) **語料庫 (Corpus)**：一組打包在一起的檔案，用於運行 GATE 插件，例如：在 Java 中的 Document 類別是語料庫的成員之一。
(2) **標註 (Annotation)**：在文件上創建的標註，例如標註為組織。Entity [Annotation Impl: id: 給標註分配的 ID; type = 標註的類型（如人物、組織、日期、時間等）; features = 與給定標註資訊相匹配的命名實體 JAPE 規則; 起始節點偏移量, 終點節點偏移量]
(3) **標註集合 (Annotation sets)**：內含標註群組。
(4) **應用程式 (Applications)**：要在文件或語料庫上運行的一系列處理步驟。

(5) **資料儲存 (DataStores)**：保存處理過的文件和資源。

(6) **處理資源 (Processing Resources, PR)**：用於根據標註操作文件，包含按順序排列的多項處理資源。

(7) **語言資源 (Language Resources, LR)**：語料庫和文件屬於語言資源類型，並且與之關聯的是一個 FeatureMap（Java 類別），該 FeatureMap 保存了資源中屬性和數值的資訊。

5. 運行 GATE IDE

在 Linux 上執行 gate.sh 和在 Windows 上執行 gate.exe，會跳出 GATE IDE 的主視窗，如圖 A2.1 所示。

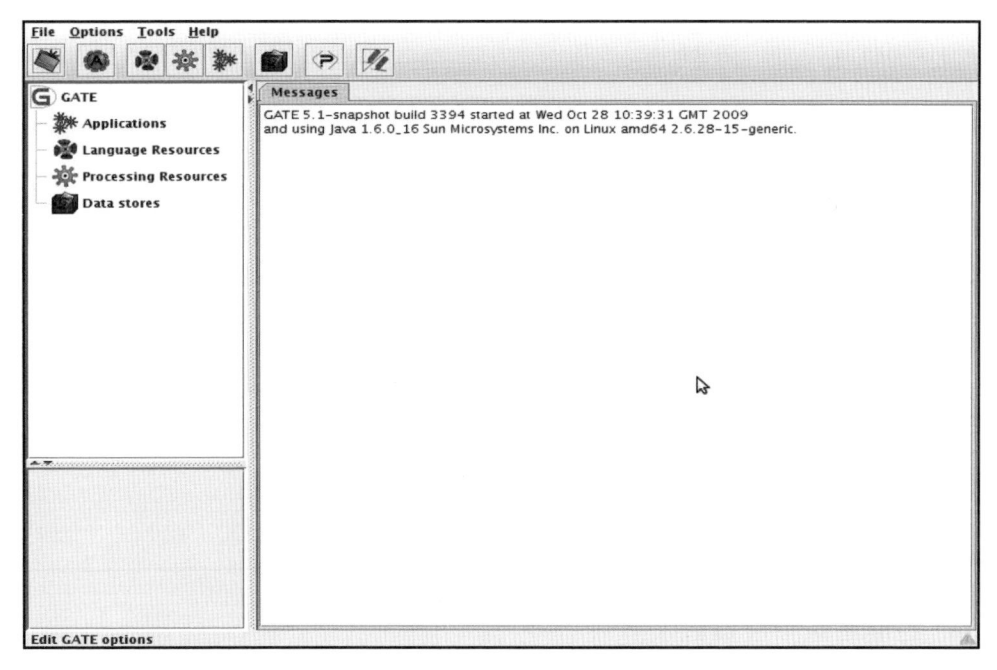

圖 A2.1　GATE 主視窗

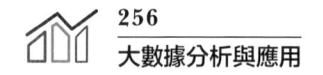

6. 如何建立語言資源

(1) 右鍵點擊語言資源 (language resource)。
(2) 點擊 New → GATE document。
(3) 選擇所需檔案或手動輸入字串。
(4) 可自定義文件名稱。
(5) 點擊 OK。

如何建立語言資源可參考圖 A2.2。

圖 A2.2　建立語言資源

7. 如何建立語料庫

方法 1

(1) 右鍵點擊語言資源。
(2) 點擊 New → GATE corpus。

附錄 II　安裝並執行 GATE

(3) 添加所需文件。

(4) 點擊 OK。

方法 2

(1) 右鍵點擊語言資源下的文件。

(2) 為該份文件選擇新語料庫，如圖 A2.3 所示。

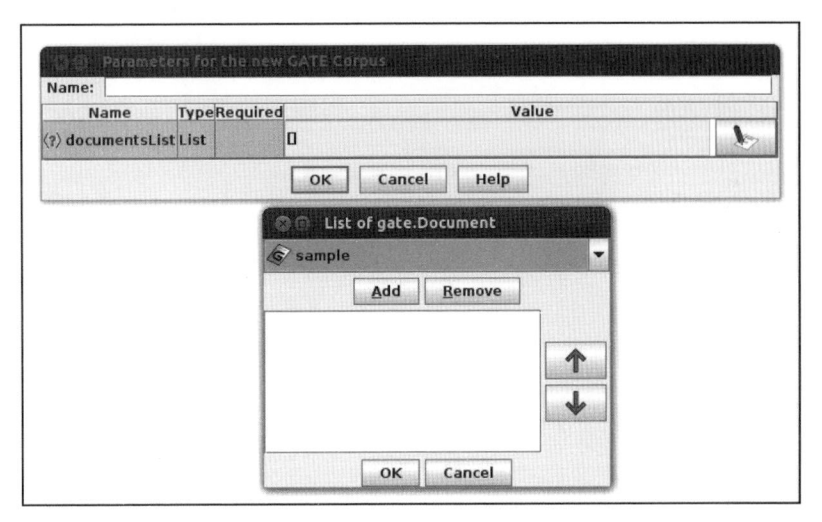

圖 A2.3　建立語料庫

8. 如何添加新的插件軟體 (Plugins)

(1) 前往檔案。

(2) 前往管理 Creole Plugins，如圖 A2.4 所示。

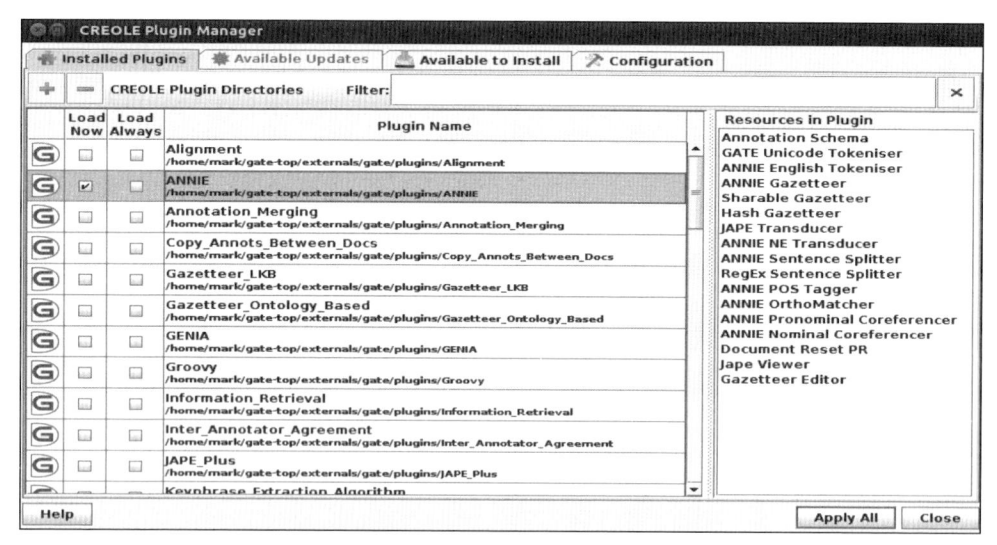

🏠 圖 A2.4　Creole Plugins 視窗

參考文獻

Aggarwal, Charu C. and ChengXiang Zhai, "Mining Text Data".

Agrawal, R. and Srikant, R., "Fast Algorithms for Mining Association Rules," Proc. 20th Int. Conf. Very Large Data Bases, *VLDB*, Vol. 1215, pp. 487–499, 1994.

Agrawal, R., et al., "Automatic Subspace Clustering of High Dimensional Data for Data Mining Applications," *Proceedings of the SIGMOD*, Vol. 27, Issue 2, pp. 94–105, 1998.

Anick, P., and Vaithyanathan, S., "Exploiting Clustering and Phrases for Context Based Information Retrieval," *ACM SIGIR Conference*, 1997.

Attardi, G., DiMarco, S., and Salvi, D., "Categorization by Context," *Journal of Universal Computer Science*, Vol. 4, No. 9, pp. 719–736, 1998.

Beil, F., Ester M., and Xu, X., "Frequent Term-based Text Clustering," *Proceedings of the Eighth ACM SIGKDD International Conference on Knowledge Discovery and Data Mining*, pp. 436–442, 2002.

Berchtold, S., et al., "A Cost Model for Nearest Neighbour Search in High Dimensional Data Space," Proceedings of the 16th Symposium on Principles of Database Systems (PODS), pp. 78–86, 1997.

Beyer, K., et al., "When is Nearest Neighbors Meaningful?" Proceedings of 7th International Conference on Database Theory (ICDT-1999), Jerusalem, Israel, pp. 217–235.

Bhatotia, Pramod, et al., "Incoop: MapReduce for Incremental Computations," *Proceedings of the 2nd ACM Symposium on Cloud Computing*, ACM, 2011.

Blackman, Josh, Sokol, L., and Chan, S., "Context-Based Analytics in a Big Data World: Better Decisions," A Report of IBM. http://joshblackman.com/blog/2013/08/07/how-does-facebook-decide-what-to-show-you/, 2013.

Blanco, Rio and Lioma, Christina, "Graph-based Term Weighting for Information Retrieval," *Information Retrieval*, Vol. 15, No. 1, pp 54–92, February 2012.

Blei, D.M., Ng, A.Y., and Jordan, M.I., "Latent Dirichlet Allocation," *Journal of Machine Learning Research*, Vol. 3, pp. 993–1022, 2003.

Blum, A. and Langley, P., "Selection of Relevant Features and Examples in Machine Learning," *Artificial Intelligence*, Vol. 97, pp. 245–271, 1997.

Brezillon, Patrick, "Context in Problem Solving: A Survey," *The Knowledge Engineering Review*, Cambridge University Press, Vol. 14, No. 1, pp. 47–80, 1999.

Brown, Peter J. and Bovey, John D. and Chen, Xian, "Context-aware Applications: From the Laboratory to the Marketplace," *IEEE Personal Communications*, Vol. 4, No. 5, pp. 58–64, 1997.

Buhl, H.U., et al., "Big Data," *Business and Information Systems Engineering*, Vol. 5, No. 2, pp. 65–69, 2013.

Byron, Spice, "CMU Research Finds Regional Dialects Are Alive and Well on Twitter," http://www.cmu.edu/news/archive/2011/January/jan7_twitterdialects.shtml, 2011.

Byron, Tau, Obama Campaign Final Fundraising total: $1.1 billion, Politico, January 19, 2013, http://www.politico.com/story/2013/01/obama-campaign-final-fundraising-total-1-billion-86445.html

Charniak, E., "A Maximum-entropy-inspired Parser," Proceedings of the 1st North American Chapter of the Association for Computational Linguistics Conference, pp. 132–139, 2000.

Chen, Guanling, et al., "A Survey of Context-aware Mobile Computing Research," Technical Report TR2000-381, Department of Computer Science, Dartmouth College, 2000.

Chen, M., Mao, S., and Liu, Y., "Big Data: A Survey," *Mobile Networks and Applications*, Vol. 19, No. 2, pp. 171–209, 2014.

Church, K. and Gale W., "Poisson Mixtures," *Nat. Lang. Eng.*, Vol. 1, No. 2, pp. 163–190, 2004.

Church, K. and Mercer, R., "Introduction to the Special Issue on Computational Linguistics using Large Corpora," *Computational Linguistics*, Vol. 19, No. 1, pp. 1–24, 1993.

Church, K. and Thiesson, B., "The Wild Thing!," *Proceedings of the ACL*, pp. 93–96, 2005.

Church, K.W., "A Stochastic Parts Program and Noun Phrase Parser for Unrestricted Text," *Proceedings of the Second Conference on Applied Natural Language Processing*, pp. 136–143, 1998.

Cutting, D., et al., "Scatter/Gather: A Cluster-Based Approach to Browsing Large Document Collections," Proceedings of the 15th Annual International ACM SIGIR Conference on Research and Development in Information Retrieval, June 21–24, Copenhagen, Denmark, pp. 318–329, 1992.

Cutting, D., et al., Scatter/Gather: A Cluster-based Approach to Browsing Large Document Collections, ACM SIGIR Conference, 1992.

Dao, N.D., "A New Class of Functions for Describing Logical Structures in Text," Doctoral Dissertation, Massachusetts Institute of Technology, 2004.

Daud, A., et al., "Knowledge Discovery through Directed Probabilistic Topic Models: A Survey," 2008.

David, Ogilvy, We Sell or Else, Ogilvy and Mather, https://www.youtube.com/watch?v=Br2KSsaTzUc

Daxin, J., Tang, C., and Zhang, A., "Cluster Analysis for Gene Expression Data: A Survey," *IEEE Transaction on Knowledge and Data Engineering*, Vol. 16, Issue 11, pp. 1370–1386, 2004.

Dey, A., Abowd, G., and Salber, D., "A Conceptual Framework and a Toolkit for Supporting the Rapid Prototyping of Context-aware Applications," *Human–Computer Interaction,* Vol. 16, No. 2–4, pp. 97–166, 2001.

Dey, A.K., "Understanding and Using Context," *Personal and Ubiquitous Computing,* Springer-Verilag, Vol. 5, No. 1, pp. 4–7, 2001.

Diallo, B.A.A., et al., "Mobile and Context-aware GeoBI Applications: A Multilevel Model for Structuring and Sharing of Contextual Information," *Journal of Geographic Information System*, Vol. 4, No. 5, 425, 2012.

Dolan, Yonatan and Razon, Oren, "Using Apache Hadoop for Context-aware Recommender Systems," IT@Intel White Paper, February 2014.

Doug, Laney, Deja VVVu: Others Claiming Gartner's Construct for Big Data, Gartner blog, January 14, 2012, http://blogs.gartner.com/doug-laney/deja-vvvue-others-claiming-gartners-volume-velocity-variety-construct-for-big-data/

Douglas, K., "Infographic: Big Data Brings Marketing Big Numbers," 2012, http://www.marketingtechblog.com/ibm-big-datamarketing/.

Dredge, Stuart, "How does Facebook Decide What to Show in my News Feed?" http://www.theguardian.com/technology/2014/jun/30/facebook-news-feed-filters-emotion-study, 2014.

Dumitrescu, Alexandra and Santini, Simone, "Think Locally, Search Globally: Context-based Information Retrieval," *IEEE International Conference on Semantic Computing*, pp. 396–401, 2009.

Erkan, Gunes and Radev, Dragomir, R., "LexRank: Graph-based Centrality as Salience in Text Summarization, *Journal of Artificial Intelligence Research*, Vol. 22, Issue 1, pp. 457–479, 2004.

Frank, I.E. and Todeschini, R., *The Data Analysis Handbook*, Elsevier Science, 1994.

Friedman, J., "An Overview of Computational Learning and Function Approximation," In: *From Statistics to Neural Networks: Theory and Pattern Recognition Applications* (Cherkassky, Friedman, Wechsler, Eds.) Springer-Verlag 1, 1994.

Fukunaga, K., *Introduction to Statistical Pattern Recognition*, Academic Press, New York, 1990.

Gao, J., Kwan, P.W. and Guo, Y., "Robust Multivariate L1 Principal Component Analysis and Dimensionality Reduction," *Elsevier's Neurocomputing*, Vol. 72, Issue 4–6, pp. 1242–1249, 2009.

Gawrysiak, P., Gancarz, L., and Okoniewski, M., "Recording Word Position Information for Improved Document Categorization," *Proceedings of the PAKDD Text Mining Workshop*, 2002.

Genc, Yegin, et al., "Discovering Context: Classifying Tweets through a Semantic Transform-based on Wikipedia," Springer's Foundations of Augmented Cognition, Directing the Future of Adaptive Systems, pp. 484–492, 2011.

Gildea, D. and Jurafsky D., "Automatic Labeling of Semantic Roles," *Comput. Linguist.*, Vol. 28, No. 3, pp. 245–288, 2002.

Grimes, S., "Unstructured Data and the 80 Percent Rule," Clarabridge Bridgepoints, 2008.

Guha, S., Rastogi, R., and Shim, K., CURE: An Efficient Clustering Algorithm for Large Databases, *ACM SIGMOD Conference*, 1998.

Hadoop, A., "Hadoop," 2009, http://hadoop.apache.org/.

Hammer, Barbara, He, Haibo, and Martinetz, Thomas, *Learning and Modelling Big Data*, ESANN 2014 Proceedings, European Symposium on Artificial Neural Networks, Computational Intelligence and Machine Learning, Bruges (Belgium), pp. 23–25, April 2014.

Han, J. and Kamber, M., *Data Mining: Concepts and Techniques*, Morgan Kaufmann, 2000.

Haveliwala, T.H., "Topic Sensitive Pagerank," *ACM Comput. Surv.*, Vol. 34, pp. 1–47, March 2002.

Hearst, Marti A., "Multi-paragraph Segmentation of Expository Text," Proceedings of the 32nd Annual Meeting on Association for Computational Linguistics, pp. 9–16, 1994.

Hofmann, T., "Probabilistic Latent Semantic Indexing," Proceedings of the 22nd Annual International ACM SIGIR Conference on Research and Development in Information Retrieval, *SIGIR '99*, ACM, pp. 50–57, 1999.

Holzinger, C. Stocker, et al., "Combining HCI, Natural Language Processing, and Knowledge Discovery—Potential of IBM Content Analytics as an Assistive Technology in the Biomedical Field," In: *Human–Computer Interaction and Knowledge Discovery in Complex, Unstructured, Big Data*, Vol. 7947 of *Lecture Notes in Computer Science*, pp. 13–24, Springer, Berlin, Germany, 2013.

Hull, Richard, Neaves, Philip, and Bedford-Roberts, James, "Towards Situated Computing," *IEEE First International Symposium on Wearable Computers,* Digest of Papers, pp. 146–153, 1997, http://pearanalytics.com/blog/2009/twitter-study-reveals-interesting-results-40-percent-pointless-babble/

Jain, A. and Dubes, R., *Algorithms for Clustering Data*, Prentice Hall, 1988.

Jang, C., et al., "Text Classification using Graph Mining-based Feature Extraction," *Research and Development in Intelligent Systems XXVI*, Springer, pp. 21–34, 2010.

Jolliffe, I.T., *Principal Component Analysis*, Springer, October 2002.

Joshi, Prachi and Kulkarni, Parag, "Incremental Learning: Methods and Techniques—A Survey," *IJDKP*, 2012.

Joshua, Green, The Science Behind Those Obama Campaign E-Mails, *Bloomberg BusinessWeek*, November 29, 2012, http://www.businessweek.com/articles/2012-11-29/the-science-behind-those-obama-campaign-e-mails

Kaufman, L. and Rousseeuw, P.J., *Finding Groups in Data: An Introduction to Cluster Analysis*, John Wiley & Sons, New York.

Khan, Nawsher, et al., "Big Data: Survey, Technologies, Opportunities, and Challenges," *Scientific World Journal*, Vol. 2014, Article 712826, p. 18.

Klapaftis, I.P. and Manandhar, S., "Unsupervised Word Sense Disambiguation using the www," Proceedings of the 2006 Conference on STAIRS 2006: Proceedings of the Third Starting AI

Researchers' Symposium, IOS Press, pp. 174–183, 2006.

Kleinberg, "Bursty and Hierarchical Structure in Streams," *Proceedings of KDD '02*, pp. 91–101, 2002.

Ko, Y., Park, J., and Seo, J., "Improving Text Categorization Using the Importance of Sentences," *Information Processing and Management*, Vol. 40, No. 1, pp. 65–79, 2004.

Kriegel, H.P., Kroger, P. and Zimek, A., "Clustering High-Dimensional Data: A Survey on Subspace Clustering, Pattern-Based Clustering, and Correlation Clustering," *ACM Transactions on Knowledge Discovery from Data* (*TKDD*), Vol. 3, Issue 1, Article 1, 2009.

Kulkarni, Anagha, Tokekar, Vrinda, and Kulkarni, Parag, "Discovering Context of Labeled Text Documents using Context Similarity Coefficient," *Procedia Computer Science 49C*, 2015.

Kulkarni, Anagha, Tokekar, Vrinda, and Kulkarni, Parag, "Discovering Context using Contextual Positional Regions based on Chains of Frequent Terms in Text Documents," *Intelligent Systems Technologies and Applications*, Springer International Publishing, pp. 321–332, 2016.

Kulkarni, Anagha, Tokekar, Vrinda, and Kulkarni, Parag, "Text Classification by Enhancing Weights of Terms-based on their Positional Appearances," *International Journal of Computer Applications*, Vol. 78, No. 9, pp. 23–26, 2013.

Kulkarni, Parag, *Reinforcement and Systemic Machine Learning for Decision Making*, John Wiley & Sons, 2012.

Lars, Mieritz, Gartner Survey Shows Why Projects Fail, this is what good looks like, June 1, 2012, http://thisiswhatgoodlookslike.com/2012/06/10/gartner-survey-shows-why-projects-fail/

Lee, M. and Park, C.H., "On Applying Dimensionality Reduction for Multi-labeled Problems," In: *Lecture Notes of International Conference MLDM*, LNAI 4571, pp. 131–143, 2007.

Li, C., Sun, A., and Datta, A., "Twevent: Segment-based Event Detection from Tweets," *Proceedings of the 21st ACM International Conference on Information and Knowledge Management*, pp. 155–164, 2012.

Li, M.L.Z., Wang, B. and Ma, W.-Y., "A Probabilistic Model for Retrospective News Event Detection," *Proceedings of SIGIR '05*, pp. 106–113, 2005.

Lin, D. and Pantel, P., "Concept Discovery from Text," 2002 Gate tool: https://gate.ac.uk/. Jape found at user guide of GATE tool.

Lin, D. and Pantel, P., "Concept Discovery from Text," Proceedings of the 19th International

Conference on Computational Linguistics, pp. 1–7, 2002.

Lin, D., "Automatic Retrieval and Clustering of Similar Words," in Proceedings of the 17th International Conference on Computational Linguistics, Vol. 2, ACL, pp. 768–774, 1998.

Liu, H. and Motoda, H., *Feature Selection for Knowledge Discovery and Data Mining*, Kluwer Academic Publishers, Boston, 1998.

Liu, Yunhuai, et al., "Semantic Link Network Based Model for Organizing Multimedia Big Data." *IEEE Transactions on Emerging Topics in Computing*, Vol. 2, No. 3, pp. 376–387, 2014.

Malik, H.H. and Kender J.R., "Classification by Pattern-based Hierarchical Clustering," In: *From Local Patterns to Global Models Workshop*, ECML/PKDD, 2008.

Manning, C.D., Raghavan, P., and Schütze, H., *Introduction to Information Retrieval*, Cambridge: Cambridge University Press, Vol. 1, 2008.

Manyika, J., et al., "Big Data: The Next Frontier for Innovation, Competition, and Productivity," *Tech. Rep.*, McKinsey, May 2011.

Mei, Q. and Church, K., "Entropy from Search Logs: How Hard is Search with Personalization with Backup," *Proceeding of WSDM '08*, pp. 45–54, 2008.

Mei, Q., Ling, X., and Zhai, C., "Topic Sentiment Mixture: Modeling Facets and Opinions in Weblogs," *Proceedings of WWW '07*, 2007.

Mihalcea, Rada and Tarau, Paul, TextRank: Bringing Order into Texts, Association for Computational Linguistics, EMNLP-04, pp. 404–411.

Miller, G.A., et al., "Introduction to WordNet: An Online Lexical Database," Vol. 3, No. 4, pp. 235–244, 1990.

Morris, Betsy, Steve Jobs Speaks Out, Fortune, March 7, 2008 http://archive.fortune.com/galleries/2008/fortune/0803/gallery.jobsqna.fortune/3.html

Murata, M., et al., "Japanese Probabilistic Information Retrieval using Location and Category Information," Proceedings of the Fifth International Workshop on Information Retrieval with Asian Languages, ACM, pp. 81–88, 2000.

Navrat, Pavol and Taraba, Tomas, "Context Search," IEEE/WIC/ACM International Conferences on Web Intelligence and Intelligent Agent Technology Workshops, pp. 99–102, 2007.

Ng, R. and Han, J., Efficient and Effective Clustering Methods for Spatial Data Mining, *VLDB Conference*, 1994.

Pantel, P. and Lin, D., "Automatically Discovering Word Senses," Proceedings of the 2003 Conference of the North American Chapter of the Association for Computational Linguistics on Human Language Technology: Demonstrations, Vol. 4, NAACL-Demonstrations '03, Association for Computational Linguistics, pp. 21–22, 2003.

Park, C.H. and Lee, M., "On Applying Linear Discriminant Analysis for Multi-labeled Problems," *Journal of Pattern Recognition Letters Archive*, Vol. 29, No. 7, pp. 878–887, 2008.

Parker, Charles, "Incremental Learning Algorithms for Fast Classification in Data Stream," IEEE, Machine Learning from Streaming Data: Two Problems, Two Solutions, Two Concerns, and Two Lessons, March 12, 2013.

Pasca, M., et al., "Names and Similarities on the Web: Fact Extraction in the Fast Lane. in acl-44," In: ACL-44: Proceedings of the 21st International Conference on Computational Linguistics and the 44th Annual Meeting of the Association for Computational Linguistics, pp. 809–816, 2006.

Pedersen, T. and Kolhatkar, V., "Wordnet::senserelate::allwords: A Broad Coverage Word Sense Tagger that Maximizes Semantic Relatedness," NAACL-Demonstrations '09, Association for Computational Linguistics, pp. 17–20, 2009.

Pena, J.M., et al., "Dimensionality Reduction in Unsupervised Learning of Conditional Gaussian Networks," *IEEE Transactions on Pattern Analysis and Machine Intelligence*, Vol. 23, Issue 6, pp. 590–603, 2001.

Pierrehumbert, H.J., "Teun A Van Dijk Text and Context: Explorations in the Semantics and Pragmatics of Discourse," *Journal of Linguistics*, Vol. 16, pp. 113–119, 1980.

Raez, M., PhD Thesis—Automatic Categorization of Documents in High Energy Physics Domain, Granada University, 2006.

Sahami, M., et al., AAAI-98 Workshop on Learning for Text Categorization, pp. 55–62, 1998.

Salton, G. and Buckley, C., "Term Weighting Approaches in Automatic Text Retrieval," *Information Processing and Management*, Vol. 24, No. 5, pp. 513–523, 1988.

Salton, G., *An Introduction to Modern Information Retrieval*, McGraw-Hill, 1983.

Schilit, B., Adams, N. and Want, R., "Context Aware Computing Applications," 1st International Workshop on Mobile Computing Systems and Applications, 1994.

Schilit, Bill N. and Thrimer, Marvin M., "Disseminating Active Map Information to Mobile Hosts," *IEEE Network*, Vol. 8, No. 5, pp. 22–32, 1994.

Sebastiani, F., "Machine Learning in Automated Text Categorization," *ACM Comput. Surv.*, Vol. 34, pp. 1–47, March 2002.

Seth, Grimes, Text Analytics 2014: User Perspectives on Solutions and Providers, Alta Plana Corporation, July 9, 2014, http://www.digitalreasoning.com/resources/Text-Analytics-2014-Digital-Reasoning.pdf

Singhal, A., Buckley, C., and Mitra, M., Pivoted Document Length Normalization, ACMSIGIR Conference, pp. 21–29, 1996.

Sokol, L. and Chan, S., "Context-Based Analytics in a Big Data World: Better Decisions," A Report of IBM, 2013.

Solur, Sridhar, *New Relic {Future} Talks*, November 2013.

Sonawane, S.S. and Kulkarni P.A., "Graph-based Representation and Analysis of Text Document: A Survey of Techniques," *International Journal of Computer Applications*, Vol. 96, No. 19, pp. 1–8, June 2014, published by Foundation of Computer Science, New York, USA.

Steyvers, M., Smyth, P., and Griffths, T., "Probabilistic Author-topic Models for Information Discovery," *Proceedings of KDD '04*, pp. 306–315, 2004.

Stovall, J.G., *Writing for Mass Media*, 6th ed., Pearson Education, 2006.

Strang, G., *Linear Algebra and its Applications*, 4th ed., Brooks/Cole Inida, 2005.

Subramaniam, L.V., "Big Data and Veracity Challenges," Text Mining Workshop, ISI Kolkata, January 2014.

Sun, Liang, et al., *Multi-Label Dimensionality Reduction*, Chapman and Hall, CRC Press, Taylor and Francis Group, 2013.

Tan, P.S., et al., "A Context Model for B2B Collaborations," IEEE International Conference on Services Computing, 2008.

Tatar, D., et al., "A Chain Dictionary Method for Word Sense Disambiguation and Applications," *CoRR*, Vol. abs/0806.2581, 2008.

Tsoumakas, G. and Katakis, I., "Multi-label Classification: An Overview," *International Journal of Data Warehousing and Mining*, Vol. 3, No. 3, pp. 1–13, 2007.

Valle, Kjetil and Ozturk, Pinar, Graph-based Representations for Text Classification, India Norway Workshop on Web Concepts and Technologies, 3 October 2011.

Vascellaro, Jessica E., "Turns Out Apple Conducts Market Research After All," *Wall Street Journal*, 26 July 2012, http://blogs.wsj.com/digits/2012/07/26/turns-out-apple-conducts-market-research-after-all/

Wan, K., "A Brief History of Context," arXiv preprint arXiv:0912.1838, 2009.

Wang, X. and Paliwal, "Feature Extraction and Dimensionality Reduction Algorithms and their Applications in Vowel Recognition," *Journal of Pattern Recognition*, Vol. 36, pp. 2429–2439, 2003.

Welling, M., Rosen-Zvi, M., and Hinton, G.E., "Exponential Family Harmoniums with an Application to Information Retrieval," In: *NIPS*, 2004.

Wigelius, H. and Vataja, H., "Dimensions of Context Affecting User Experience in Mobile Work," INTERACT'09: Proceedings of the 12th IFIPTC 13 International Conference on Human–Computer Interaction, Berlin, 2009.

Xinglin, L., et al., "Text Similarity Computing Based on Thematic Term Set," *International Journal of Advancements in Computing Technology*, Vol. 4, No. 6, 2012.

Xue, X.B. and Zhou, Z.H., "Distributional Features for Text Categorization," *Knowledge and Data Engineering, IEEE Transactions*, Vol. 21, No. 3, pp. 428–442, 2009.

Yan, Cairong, et al., "IncMR: Incremental Data Processing Based on Mapreduce." *Cloud Computing (CLOUD)*, IEEE 5th International Conference, 2012.

Yap, Jamie, "Big Data Analysis Needs Human Context," http://www.zdnet.com/article/big-data-analysis-needs-human-context/, 2012.

Yu, L. and Liu, H., "Feature Selection for High Dimensional Data: A Fast Correlation Based Filter Solution," Proceedings of the Twentieth Int. Conf. on Machine Learning, pp. 856–863, 2003.

Zakor, J., "A Novel Context-based Technique for Web Information".

Zang, Wenyu, Zhang, Peng, Zhou, Chuan, and Guo, Li, "Comparative Study between Incremental and Ensemble Learning on Data Streams: Case study", *Journal of Big Data*, Springer, 2014.

Zhang, T., Ramakrishnan, R., and Livny, M., BIRCH: An Efficient Data Clustering Method for Very Large Databases, *ACM SIGMOD Conference,* 1996.

索引

A

active learning 主動學習 201, 210

adaptive learning 自適應學習 200

adaptive ML 適應性機器學習 19

ANNIE 110, 111, 114, 254

Apriori algorithm 先驗演算法 9, 36, 39, 68

apriori principle 先驗原則 35, 36, 39

association analysis 關聯分析 31-33

association rule 關聯規則 9, 31, 32, 34, 35, 38, 39, 49, 65, 66, 68, 70

association rule mining 關聯規則探勘 31, 32, 35, 49, 89

associative ML 關聯性機器學習 19

B

Bag-Of-Words (BOW) 詞袋模型 149, 150, 179

Bayesian networks 貝氏網路 11

Big Data analytics 大數據分析 1, 6, 7, 9, 11, 13, 15, 17, 21, 24, 136, 143, 144, 146, 151, 152, 166, 199, 202, 211, 227, 229, 240

Big Data mining 大數據探勘 1-3, 6, 10, 20, 57-59, 67, 101, 143, 166, 240, 252

biomedical and DNA data analysis 生物醫學與 DNA 分析 171

Business Intelligence (BI) 商業智慧 6, 17, 23, 59, 145, 146, 151, 169, 199, 204, 252

C

closeness 接近度 87-90, 122, 164

cloud computing 雲端計算 7

clustering 聚類 7, 14, 15, 21, 30, 39, 43, 44, 49, 52, 62, 63, 72, 105, 107, 135, 163, 166, 169, 170, 172-194, 199, 200, 202, 203, 206, 207, 239

computational linguistic 計算語言學 12, 13, 15, 16

concept mining 概念探勘 14

confidence 信賴度 34, 35, 39, 65-73, 103

context 上下文 4, 5, 8, 9, 13, 14, 16, 20, 23, 65, 73, 75-80, 82-87, 90-98, 104-107, 122, 123, 125, 137, 144, 156, 160, 179, 181, 190, 191, 206, 207, 239, 247

Context Aware Recommender System (CARS) 情境感知推薦系統 94-97

context vector machines 上下文向量機 13, 16

contextual analytics 上下文分析 77, 90, 91

co-reference tagger 共指標記器 113

corpus representation 語料庫表示法 105

curse of dimensionality 維度災難 147, 173, 174, 194

D

data analyst 資料分析師 218-222, 224, 227, 230-232

data cleaning 資料清理 61, 62, 144, 145, 147, 166

data cleaning and transformation 資料清理和轉換 144, 145, 147, 166

data collection 資料收集 58, 136, 144-146, 166, 218, 226

data mining 資料探勘 1-7, 9, 12, 16, 18-20, 21, 23, 25-32, 39, 49, 51-53, 57-60, 63-66, 68, 70-73, 96, 144, 169-173, 177-180, 184-187, 191-194, 231, 239, 240

data model 數據模型 24, 25, 52, 134

data processing 資料處理 135, 144-147, 166

data reduction 資料縮減 2

data representation and modelling 資料表示和建模 144, 145, 149, 166

DataNode 133, 244-246

decision tree 決策樹 30, 43, 135, 137, 151, 202, 208

decision tree induction 決策樹歸納 72

deep learning 深度學習 201

dimensional reduction 維度縮減 62

Discrete Cosine Transform (DCT) 離散餘弦轉換 62

distributed clustering 分散式聚類 13, 15, 20, 21, 171, 172, 179-181, 184, 193

Distributed Data Mining (DDM) 分散式資料探勘 52, 170, 179, 184

distributed subspace clustering 分散式子空間聚類 170-172, 193

E

Euclidean distance 歐幾里得距離 44, 88, 173

exploratory data analysis 探索式資料分析 144, 145, 151, 166

F

Feature Extraction (FE) 特徵提取 106, 147-149

feature selection 特徵選擇 45, 106, 175, 176, 184

feature transformation 特徵轉換 175, 176

financial data analysis 金融資料分析 171

Flume 133, 136, 249

frequent itemset 頻繁項目集 31, 35-39, 70

frequent pattern 頻繁模式 39, 65, 68, 70, 71

G

gazetteer 辭典庫 111-114

General Architecture for Text Engineering (GATE) 20, 109-112, 114, 137, 253-256

graph algorithms 圖形演算法 20

graph representation found 圖形表示法 20, 157, 166

gray sheep 灰羊問題 51

H

Hadoop 21, 64, 76, 95, 132-137, 147, 151, 202, 211, 241-243, 246, 248-252

Hadoop Common 241, 242

Hadoop Distributed File System (HDFS) Hadoop 分散式檔案系統 64, 133, 134, 136, 137, 211, 241-246, 251

healthcare 醫療保健 4, 5, 10, 16, 143

heterogeneous distributed database 異質性分散式資料庫 182

high dimensional data clustering 高維度資料聚類 21, 169, 172-175, 178, 179, 184, 190, 193, 194

Hive 133-137, 147, 248

homogeneous distributed database 同質性分散式資料庫 182

hyperlink context 超連結上下文 106

I

incremental learning 增量學習 13, 16, 199, 203-210, 212, 239

incremental ML 增量式機器學習 19

Information Retrieval (IR) 資訊檢索 16, 21, 32, 39, 45-47, 102, 107, 122-124, 144, 157, 166, 186, 192

itemset 項目集 31, 34-39, 59, 65, 69, 70, 72, 89

J

JAPE 110, 111, 113-115, 117, 118, 254

K

k-means 43, 44, 135, 187, 188, 192, 193

knowledge discovery 知識探索 16, 24, 26, 27, 51, 57-59, 67, 69, 70, 181, 193

Knowledge Discovery in Databases (KDD) 資料庫知識探索 193

L

Large text 大型文本 85, 87-89, 192

Latent Dirichlet Allocation (LDA) 潛在狄利克雷分配 124, 125, 137

Latent Semantic Analysis (LSA) 潛在語義分析 122-125, 137

Latent Semantic Indexing (LSI) 潛在語義索引 122, 123, 148, 149

lexical analysis 詞法分析 16, 102, 111

Linear Discriminant Analysis (LDA) 線性判別分析 148, 149

linguistic context 語言上下文 104, 105, 107

M

Machine Learning (ML) 機器學習 3, 6, 7, 11, 18, 19, 21, 26, 27, 29, 39, 45, 51, 96, 101, 102, 125, 135, 137, 144-146, 151, 166, 185, 186, 199-204, 207, 208, 211, 212, 239, 254

Mahout 96, 133, 135, 137, 147, 202, 203, 212

management of Big Data 管理大數據 132, 229

MapReduce 76, 96, 132-137, 210-212, 241-243, 246-248

market basket analysis 購物籃分析 9

MongoDB 57, 59-61, 64

moving average 移動平均 12

multi-label graph construction 多標籤圖形建構 152

Multi-Label Latent Semantic Indexing (MLSI) 多標籤潛在語義索引 149

multi-label text categorization 多標籤文本分類 15, 20

multi-label unstructured text mining 多標籤非結構化文本探勘 144

multi-level Apriori algorithm 多階層先驗演算法 9, 69

multi-perspective learning 多角度學習 201

multi-perspective ML 多角度機器學習 19

N

Naïve Bayes 單純貝式分類 30, 39, 135

Named Entity Recognition (NER) 命名實體識別 108

NameNode 133, 244, 245

Natural Language Processing (NLP) 自然語言處理 6, 12, 16, 29, 101, 102, 105, 107, 144, 166

neural network 神經網路 30, 201, 208

N-gram 150

Non-negative Matrix Factorization (NMF) 非負矩陣分解 148, 149

Not Only SQL (NoSQL) 非關聯式資料庫 58, 132

O

Online Analytical Processing (OLAP) 線上分析處理 28, 31, 64

online learning 線上學習 209, 210, 212

P

page rank surfer model 網頁排名瀏覽者模型 164

pattern recognition 圖形識別 51, 75, 102, 147, 173

Pig 132-135, 137, 147, 248

POS tagger 詞性標記器 113

Principal Component Analysis (PCA) 主成分分析 62, 148, 176

R

random forest 隨機森林 11, 135

Recommender Systems (RS) 推薦系統 46, 49-51, 76, 79, 94, 95, 199, 203, 211, 212

relation extraction 關係提取 107-110, 117, 120, 121, 137

relational database 關聯式資料庫 46, 57, 58, 76, 249

Relational Database Management Systems (RDBMS) 關聯式資料庫管理系統 57

representation of text document 文本文件表示法 155, 160

Run Length Encoding (RLE) 運行長度編碼 62

S

semantic network 語義網路 161, 162, 190

semi-supervised learning 半監督式學習 200, 204, 206

sentence similarity 語句相似性 126, 128, 137

shilling attack 托攻擊 51

short text 短文本 77, 80, 82, 85-89

索引

Singular Value Decomposition (SVD) 奇異值分解 122, 149, 150, 176

situation modelling 情境建模 125, 137

Sqoop 135, 249

statistical signature 統計簽名 12

structural representation 結構表示法 157, 159

Structured Query Language (SQL) 結構化查詢語言 57, 58, 134, 137, 248

sub-linear transformation 次線性轉換 188

subspace clustering 子空間聚類 15, 21, 170-172, 175-179, 184, 190-194

supervised learning 監督式學習 11, 40, 43, 105, 107, 200, 202, 204

support 支持度 34, 35, 39, 65-71, 73, 165

support count 支持計數 34-39, 165

Synset 127, 128, 137

syntactic analysis 語法分析 16

systemic ML 系統性機器學習 19

T

team role 團隊角色 222

teamwork 團隊合作 222, 230

Tensor Space Model (TSM) 張量空間模型 150

term weight 詞權重 148, 164, 165, 189

text analytics 文本分析 1, 9, 12-17, 20, 21, 101, 102, 144, 166, 216, 230-235

Text Categorization (TC) 文本分類 15, 20, 40, 101-104, 131, 137, 143, 144, 159, 164, 166, 199

text data clustering 文本資料聚類 101, 102, 185-190, 192-194

Term Frequency-Inverse Document Frequency (TF-IDF) 詞頻—逆文檔頻率 85, 106, 150, 164, 187-189

tokenizer 標記器 110, 111, 113

topic identification 主題識別 13, 14

topic modelling 主題建模 20, 101, 121, 122, 137

U

unstructured data mining 非結構化資料探勘 2-6, 18-21, 239

unsupervised learning 非監督式學習 11, 72, 186, 200, 204

V

Vector Space Model (VSM) 向量空間模型 105, 149, 150, 179, 187-190

W

wavelet transform 小波轉換 62

web crawler 網路爬蟲 45-49

Weighted frequent sub-graph mining (W-gSpan) 加權頻繁子圖形探勘 165

WordNet 20, 126, 127, 137, 162, 164

Y

Yarn 241, 242, 247, 251

Z

ZooKeeper 133, 134, 137, 249-252

「雅言」之意義同樣重要。「子所雅言,《詩》、《書》、執禮,皆雅言也。」(《論語・述而》)春秋時代,諸侯紛爭,各國語言難得統一,方言四起,嚴重影響地域之間文化的交流。有鑒於此,孔子在治學與教學之中,一律採用「雅言」即當時中國較為通行之語言,為中原文化統一奠定基礎。清初亦存在這種語言混亂局面,外來語流行,非漢語流行。故為繼承與發揚古文化之精神,文字的字與韻之正,就成為守護家園之必要。其實此文化大事,是在滿文字書修成之後而興的。康熙首先顧及的是其本民族之文字。康熙親政後的康熙十二年,他對漢滿臣言:「此時滿州,朕不慮其不知滿語,但恐後生子弟漸習漢語,竟忘滿語,亦未可知。」(《康熙起居注》)康熙四十七年成《清文鑑》,康熙四十九年三月初九,著「南書房侍直大學士陳廷敬等同意編修漢文字書,張玉書、陳廷敬為總閱官,至康熙五十五年修成」。對於陳廷敬而言,在朝廷供職,從一般官員至侍直大學士,都應將文化傳承作為要務,為此他長期勞辛不息,引經制事,樂此不疲。

儘管陳廷敬已經盡了全力保留文化,建立制度,釐清責權,提倡廉政,也客觀上為當時深重的民災民難帶來了一線生機,但畢竟人力有時而窮,身為一個君子,「老吾老以及人之老」的思想讓他總有一些「未盡全功」的感慨,而身為一個智者,他又深知「知我罪我其唯春秋」的下場,所以最終,他也只以一句詩以慰生平之嘆:「後五百年外,當為知者憐。」

後世之思

警句留芳

信以心，心相信則言易感人。

古者衣冠、輿馬、服飾、器用，賤不得逾貴，小不得加大。今等威未辯，奢侈未除，機絲所織，花草蟲魚，時新時異，轉相慕效。由是富者黷貨無已，貧者恥其不如，冒利觸禁，其始由於不儉，其繼至於不廉。

好尚嗜欲之中於人心，猶水之失隄防也。

吾學亦屢變也。其始學詩，當其學詩，而見天下之學無以加之於詩矣；其繼學文，當其學文，而見天下之學無以加於文矣；其繼學道，及其學道，而見天下之學無以加於道矣。

貪廉者，治理之大關；奢儉者，貪廉之根柢。欲教以廉，當先使儉。

自古未有不曉文義之人可以為民父母者也。

夫武而不文，其人任卒伍而不足任偏裨，任偏裨而不足任大將者也。

上官廉，則吏自不敢為貪；上官不廉，則吏雖欲為廉而不可得⋯⋯為督撫者，既不以利欲動其心，然後能正身董吏。吏不以曲事上官為心，然後能加意於民；民可徐得其養，養立而後教行。

早夜兢兢，思自淬礪，不徇親黨，不阿友朋，上恐負聖主之殊恩，下欲全微臣之小節。

警句留芳

　　科、道之設,所以廣耳目而申獻納,於人才之邪正,吏治之貪廉,事關生民利害者,必正言無隱,而後克副斯職。

　　果賢與,雖折且怨,庸何傷?

國家圖書館出版品預行編目資料

陳廷敬，康熙盛世的影子內閣：清代最會當官卻最不貪的那個人 / 鍾小駿 著 . -- 第一版 . -- 臺北市：複刻文化事業有限公司, 2025.09
面；　公分
POD 版
ISBN 978-626-428-235-2(平裝)
1.CST: (清) 陳廷敬 2.CST: 傳記
782.872　　　　　114012305

電子書購買

爽讀 APP

陳廷敬，康熙盛世的影子內閣：清代最會當官卻最不貪的那個人

臉書

作　　者：鍾小駿
發 行 人：黃振庭
出 版 者：複刻文化事業有限公司
發 行 者：崧燁文化事業有限公司
E - m a i l：sonbookservice@gmail.com
粉 絲 頁：https://www.facebook.com/sonbookss/
網　　址：https://sonbook.net/
地　　址：台北市中正區重慶南路一段 61 號 8 樓
8F., No.61, Sec. 1, Chongqing S. Rd., Zhongzheng Dist., Taipei City 100, Taiwan
電　　話：(02) 2370-3310　　傳　　真：(02) 2388-1990
印　　刷：京峯數位服務有限公司
律師顧問：廣華律師事務所 張珮琦律師

-版權聲明-

本書版權為北嶽文藝所有授權複刻文化事業有限公司獨家發行電子書及繁體書繁體字版。若有其他相關權利及授權需求請與本公司連繫。
未經書面許可，不可複製、發行。

定　　價：350 元
發行日期：2025 年 09 月第一版
◎本書以 POD 印製